우주

우 주

에밀리 보몽 기획 | 크리스틴 사니에 글 | 피에르 봉 · 이자벨 로뇨니 그림 | 과학상상 옮김

처음 찍은날 2010년 6월 3일 | 처음 펴낸날 2010년 6월 11일

펴낸곳 큰북작은북(주) | 펴낸이 김혜정 | 출판등록 제307-2005-000021호

주소 136-034 서울 성북구 동소문동 4가 75-2 브라다리빙텔 702

전화 02-922-1138 | 팩스 02-922-1146

L'Espace(in the series Pourquoi/Comment)

ISBN 978-89-91963-81-8 (64400)   978-89-91963-80-1(세트)

WHY? HOW? 지식의 발견 ①

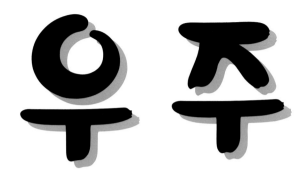

우주

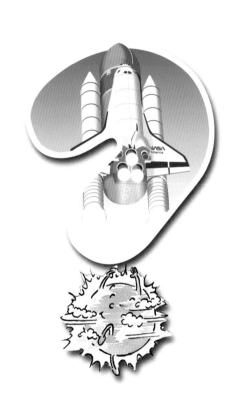

에밀리 보몽 기획

크리스틴 사니에 글

피에르 봉 · 이자벨 로뇨니 그림

과학상상 옮김

감수 홍승우 성균관대학교 자연과학부 물리학과 교수

큰북작은북

교과 과정 연계표 _ 7차 개정

학년	단원	차례
초등 3학년	날씨와 우리 생활	일기예보, 만유인력, 지구의 관찰
초등 4학년	지층과 화석 화산과 지진 지표의 변화	지구의 관찰
초등 5학년	지구와 달 태양계와 별	우주, 태양계, 태양, 지구, 달, 화성, 금성, 수성과 명왕성, 목성과 토성, 천왕성과 해왕성, 천체 관측기구, 지구에서 보는 우주, 최초의 로켓, 우주로 가다, 우주에 간 인류, 달을 향한 발걸음, 달에서의 첫걸음, 우주인의 생활, 우주비행사, 우주와 관련된 직업들, 우주인의 일상
초등 6학년	날씨의 변화 계절의 변화	일기예보, 만유인력, 햇빛
중등 1학년	지각의 물질과 변화 판 구조론과 지각 변동	지구
중등 2학년	지구와 별 지구의 역사와 지각 변동	우주, 태양계, 태양, 지구, 달, 화성, 금성, 수성과 명왕성, 목성과 토성, 천왕성과 해왕성, 우주로 가다, 우주를 향한 경주, 우주를 차지하기 위한 경쟁, 우주에 간 인류, 달을 향한 발걸음, 달에서의 첫걸음, 미국의 우주왕복선, 아리안 호, 인공위성, 우주 탐사선, 우주정거장, 지구의 기반 시설, 미르 우주정거장, 국제우주정거장, 유럽의 실험실, 우주의 자원, 우주 탐사, 항공과 위치 측정, 우주의 환경, 우주의 미래
중등 3학년	태양계의 운동	지구의 관찰, 지구궤도에 진입하기
고등 1학년	지구의 변동 태양계와 행성	우주의 자원, 우주의 환경, 우주의 미래, 우주 탐사 지구에서 보는 우주, 지구의 관찰

차례

우주 ································· 10

태양계 ····························· 14

태양 ······························· 16

지구 ······························· 18

달 ································· 22

붉은 행성, 화성 ················· 24

금성 ······························· 26

수성과 명왕성 ··················· 28

목성과 토성 ····················· 30

천왕성과 해왕성 ················· 32

만유인력 ·························· 34

햇빛 ······························· 36

지구에서 보는 우주 ············· 38

천체 관측기구 ··················· 40

최초의 로켓 ····················· 42

우주로 가다 ····················· 44

우주를 향한 경주 ··············· 46

우주를 차지하기 위한 경쟁 ······ 48

우주에 간 인류 ················· 50

달을 향한 발걸음 ··············· 54

달에서의 첫걸음 ················· 58

로켓 발사 ························ 62

미국의 우주왕복선 ··············· 64

아리안 호 ························ 68

지구궤도에 진입하기 ··········· 72

인공위성 ·························· 74

우주 탐사선 ····················· 78

우주인의 생활 ··················· 82

우주 센터 ························ 84

지구의 기반 시설 ··············· 86

우주와 관련된 직업들 ············ 88

우주비행사 ······················ 92

우주인의 일상생활 ··············· 96

미르 우주정거장 ················ 102

국제우주정거장(ISS) ············ 104

유럽의 실험실 ··················· 108

우주의 자원 ····················· 110

우주 탐사 ······················· 112

일기예보 ·························· 114

지구의 관찰 ····················· 116

항공과 위치 측정 ··············· 118

통신 ······························· 120

의학 분야 ························· 122

우주의 환경 ····················· 124

우주의 미래 ····················· 126

찾아보기 ·························· 130

우주

- 우주는 우리가 사는 지구와 행성들, 태양과 위성들, 그리고 수많은 별과 은하계로 구성되어 있어요. 그러니까 우주는 '존재하는 모든 것'을 말해요.

- 우주에서의 거리는 숫자로 표시할 수 있어요. 때로는 상상조차 하기 어려운 천문학적인 숫자를 사용하지요. 지구에서 달까지는 약 384,000㎞이고, 태양까지는 149,600,000㎞나 떨어져 있어요. 만약 KTX를 타고 지구에서 태양까지 간다면 약 60년 정도, 그러니까 평생을 가야 하지요.

- 우주는 점점 더 커지고 있어요. 마치 공기를 계속 불어넣는 풍선처럼 쉬지 않고 팽창해서 공간도 커지고 있지요. 공간이 커질수록 별과 별 사이도 멀어져요.

왜 우주에는 빈 공간이 있을까요?

지구에는 빈 공간이 존재하지 않아요. 지구를 감싼 대기는 공기로 채워져 있으니까요. 그렇지만 우주에는 빈 공간이 아주 많아요. 우주가 탄생했을 때 작은 물질들이 서서히 모여 별이나 행성이 만들어지고, 또 은하가 형성되면서 점점 빈 공간이 생겨난 거예요. 공간이 비어 있기 때문에 별들은 자유롭게 움직일 수 있어요. 만약 달 주변에 공기가 있었다면, 이미 오래전에 달은 공기와 마찰을 일으켜 지구로 추락하고 말았을 거예요. 그리고 우주에는 여전히 먼지 같은 것들이 남아 있어서 빈 공간만 있는 것은 아니랍니다.

우주는 어떻게 생겨났을까요?

맨 처음 시작은 137억 년 전쯤이었어요. (얼마 전까지만 해도 150억 년 전으로 추정했지요.) 그 당시 우주는 달걀보다도 크지 않았지만, 그 안은 에너지와 열기로 가득했어요. 그러다가 크기가 점점 더 커지고 에너지도 늘어나서 지금의 우주가 되었답니다.

우주 탄생에 관한 여러 가설 가운데 오늘날에는 빅뱅 우주론이 널리 인정되고 있어요. 처음에 우주는 모든 물질이 한곳에 모여 있는 극히 높은 온도와 밀도와 압력을 가진 불덩어리였는데, 더 이상 압력을 이기지 못하고 폭발을 일으키면서 급격히 팽창했어요. 그 결과 우주

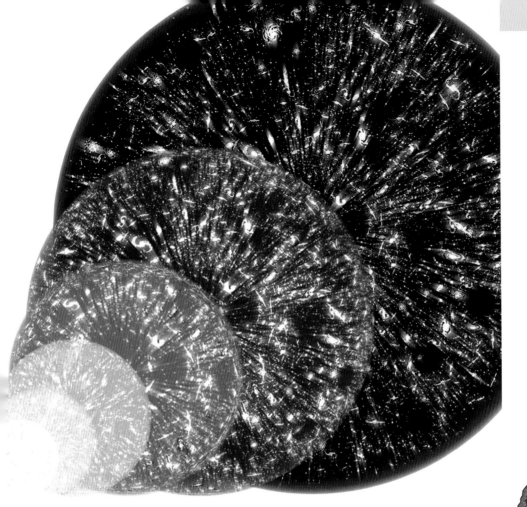

빅뱅 이전에 우주는 어떻게 생겼을까요?

빅뱅 이론에 따르면 그 이전에는 아무것도 없었어요. 시간조차 없다니 정말 놀랍지 않나요? 우주 탄생 이전에는 시간 개념조차 없기 때문에 정확히 '이전'이라는 말도 할 수 없어요. 아무리 궁금하다고 해도 달리 설명할 방법이 없답니다. 아직은 과학자들도 잘 모르기 때문이에요.

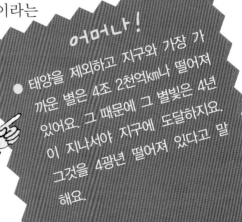

빅뱅 모형에 따르면 우주는 극도로 뜨겁고 응집되어 있던 물질이 폭발하여 만들어진 뒤로 계속 팽창하고 있대요.

공간의 밀도와 온도가 낮아지고 흩어진 물질들이 중력으로 인해 뭉치면서 별과 은하가 생겨난 거예요.

왜 빅뱅이라고 할까요?

천문학자들도 다른 사람 놀리기를 좋아해요. 조르주 르메트르가 처음 우주 탄생 이론을 발표하면서 극도로 뜨겁고 농축된 물질이 갑자기 어떤 움직임에 의해 '크게 뻥(big bang)' 하고 폭발했다고 설명했는데, 그것을 놀리려고 빅뱅이라는 이름을 붙였어요.

어머나!

● 태양을 제외하고 지구와 가장 가까운 별은 4조 2천억㎞나 떨어져 있어요. 그 때문에 그 별빛은 4년이 지나서야 지구에 도달하지요. 그것을 4광년 떨어져 있다고 말해요.

왜 별의 밝기는 모두 똑같지 않을까요?

별의 밝기는 별과 지구와의 거리, 그리고 별의 나이와 온도, 크기에 따라 달라져요. 보통 별이 멀리 떨어져 있을수록 어둡게 보여요.

왜 우리은하를 밀키웨이(milky way)라고 부를까요?

그것은 수많은 별들이 모여 있는 은하수가 우주를 가로질러 흰 우유를 뿌려 놓은 길처럼 보이기 때문이에요.

왜 우주는 캄캄할까요?

우주는 빈 공간이라서 태양빛과 충돌하여 빛을 산란시켜 주는 것이 아무것도 없어요. 그에 비해 하늘이 파랗게 보이는 이유는 지구를 둘러싼 대기와 가스층 덕분이에요.

왜 블랙홀은 가까이 있는 모든 것을 빨아들일까요?

블랙홀은 마치 거대한 진공청소기 같아요. 엄청난 힘을 지니고 있어 그 속으로 빨려들어가지 않는 것이 없지요. 빛조차 말이에요.

왜 하늘에는 별자리가 있을까요?

별들이 모여 어떤 모양을 이룬 별자리에 사람들이 이름을 붙이기 시작한 것은 하늘을 보고 길을 찾을 수 있게 하기 위해서였어요. 별자리는 육지에서뿐만 아니라 특히 바다에서 길을 찾을 때 매우 중요한 역할을 했어요.

왜 은하는 저마다 다른 모양을 하고 있을까요?

수천억 개의 별과 가스, 암흑성운 등으로 이루어진 은하들은 매우 다양한 모양을 하고 있어요. 우리은하처럼 나선형 모양의 은하도 있고, 마치 달걀 프라이 두 개를 붙여 놓은 듯한 모양, 축구공처럼 둥근 모양, 또는 미식 축구공을 닮은 타원형의 은하도 있지요. 물론 모양이 불규칙한 은하도 있어요. 사실 은하의 모양은 그 은하를 구성하는 별들의 움직임에 달려 있어요. 공처럼 둥근 모양의 은하는 별들이 벌통 주위를 배회하듯 별들이 중심을 향해 회전하기 때문에 중심에서 멀어질수록 별의 수가 점점 줄어들어요. 그런 은하는 거의 완벽하게 둥근 모양을 이룬답니다.

우주는 어떻게 늙어 갈까요?

학자들은 이 질문에 대해 세 가지 가설을 내놓았어요. 하나는, 어느 날 우주가 팽창을 멈추고 거품처럼 터져 버릴지도

별은 어떻게 생겨날까요?

별은 먼지와 가스로 이루어진 수소 구름에서 생겨나요. 구름들이 결합하고 먼지와 가스가 모이면 거품 같은 모양이 되는데, 그 거품들이 점점 더 많은 가스와 먼지를 끌어당기면서 두꺼워지지요. 그때 안쪽에서는 압력과 온도가 점점 더 올라가다가 온도가 수천만 도에 이르면 별의 중심에서 수소와 수소가 결합하여 헬륨이 되는 엄청난 핵융합 반응이 이루어진답니다. 그렇게 별이 탄생하지요.

모른다는 '빅 크런치' 이론이에요. 우주가 처음 생겨났을 때로 돌아간다는 뜻이지요. 또 하나는 우주가 영원히 팽창을 계속할 거라는 가설이에요. 그러면 성단(별무리)끼리의 거리가 계속 멀어지고 별을 만들 수 있는 수소 먼지가 부족해져서 온통 검은 하늘에 유령 은하들이 생겨나게 될 거예요. 세 번째는 앞의 두 가설의 중

은하는 엄청난 크기로 별들이 모여 있는 것을 말해요. 태양계는 우리은하에 속해요.

간 형태로, 아주 먼 훗날 우주가 팽창을 멈추게 될 거라는 이론이에요. 어떤 가설이든 수백억 년이 지난 뒤에나 일어날 일이랍니다.

어머나!

우리은하인 은하수는 10억 개의 별들로 이루어져 있어요. 그리고 우주에는 이런 은하가 수천 억 개가 있답니다.

13

태양계

- 태양계는 45억 년 전에 먼지와 가스로 이루어진 거대한 수소 구름에서 생겨났어요. 성운설, 소행성설, 조석설 등 태양계의 탄생을 설명하는 여러 가설이 있지만, 모두 한계가 있어요. 태양계는 유일한 별인 태양과 그 주위를 회전하는 모든 것을 말해요.

- 태양 가까이 도는 수성, 금성, 지구, 화성을 지구형 행성이라고 해요. 이 네 행성은 지구처럼 조밀한 물질과 토양으로 이루어져 있어요. 그에 비해 목성, 토성, 천왕성, 해왕성은 목성형 행성으로 가스로 이루어진 거대한 크기의 기체 거품이라고 할 수 있어요.

- 태양계 안에는 부피가 작은 소행성과 긴 꼬리를 가진 혜성, 행성 주위를 도는 위성, 그리고 유성과 운석, 옅은 구름을 이루는 행성간 물질들이 존재해요.

왜 태양계라고 할까요?

태양이 중심에 있기 때문이에요. 맨 처음 태양이 탄생했고, 나중에 생겨난 행성과 위성, 소행성과 혜성, 유성 들이 둥글게 그 주위를 돌고 있어요.

행성은 어떻게 만들어졌을까요?

행성들도 태양과 마찬가지로 수소 구름에서 탄생했어요. 태양이 형성될 때 사용되지 않은 먼지와 가스가 계속 그 주변을 돌면서 식어 갔고, 무거운 물질은 태양과 가까워지고 가벼운 물질은 점점 멀어졌지요. 그 물질들이 점점 뭉치면서 행성이 될 때까지 작은 물질들을 계속 끌어당긴 거예요.

왜 소행성들은 행성이 되지 못했을까요?

소행성들은 끊임없이 태양과 여러 행성 사이를 배회하기 때문에 커다랗게 뭉치지 못했을 것이라고 추측하고 있어요.

왜 혜성에는 꼬리가 있을까요?

혜성은 바위와 얼음으로 이루어진 거대한 눈 결정체 같아요. 그래서 혜성이 태양 앞을 지날 때면 얼음이 기체로 변하면서 먼지와 가스로 이루어진 긴 흔적을 남기지요. 때로는 수천만 킬로미터에 이르기도 하는 이 긴 꼬리는 태양 빛을 받아 반짝인답니다.

왜 혜성은 점점 작아질까요?

혜성이 태양에 가까이 갈 때마다 조금씩 녹기 때문이에요. 때로는 폭발하기도 하고요.

별똥별은 일반 별과 어떻게 다를까요?

유성이라고도 부르는 별똥별은 잠깐 동안 나타나서 반짝이는 별을 말해요. 우주 공간을 떠돌던 물체가 지구의 인력에 끌려 대기권 안으로 들어와 대기와 마찰을 일으켜 불타면서 전속력으로 떨어지지요.

2006년 명왕성이 왜소 행성으로 분류되어 제외되고, 여덟 개의 행성이 태양계를 돌고 있어요. 수성이 태양과 가장 가깝고 해왕성이 가장 멀어요.

왜 지구는 소행성과 혜성 때문에 위험하지 않을까요?

이론상으로는 소행성의 인력으로 인해 지구의 궤도가 바뀔 수도 있지만, 아직까지 그런 일은 한 번도 없었어요. 매년 30만 개의 운석이 떨어지는 것으로 추측하지만, 다행히 지구에 떨어지는 혜성들은 대부분 아주 작아서 거의 눈에 띄지 않을 정도예요.

어머나!

1833년 11월 17일 미국의 해안을 따라 별똥별 비가 내렸어요. 한 시간에 무려 5만 개에서 20만 개의 별똥별이 한꺼번에 떨어졌다고 하니, 정말 볼 만했을 거예요!

태양

태양은 바로 우리의 별이에요. 만약 태양이 없다면 지구는 캄캄한 얼음 덩어리 같을 거예요. 그러면 어떠한 생명체도 살 수 없을 테지요.

크기가 지구의 110배인 태양은 지름이 1,392,000km나 되는 거대한 가스 덩어리예요. 태양의 연료는 주로 수소랍니다. 펄펄 끓고 있는 태양은 중심 온도가 섭씨 1,500만 도 정도인 데 비해 표면 온도는 약 6,000도밖에 되지 않아요.

왜 우리는 태양에 갈 수 없을까요?

태양에 가까이 가면 한순간에 타 버릴지도 몰라요. 밀랍 날개를 달고 하늘을 날던 이카루스의 신화를 떠올려 보세요. 태양 가까이 날아가자, 그 뜨거운 열기에 밀랍 날개가 녹아서 이카루스는 가엾게도 바다에 떨어져 죽고 말았잖아요.

왜 태양이 사라지면 행성이 파괴될까요?

태양은 소멸하기 전에 색이 붉어지고, 크기는 지금의 백 배 정도 더 커질 거예요. 그러면 태양은 주위의 모든 행성을 흡수해 버리겠지요. 그러고 나

서 20억 년이 더 지나 태양이 가진 대부분의 수소가 타 버리면, 아주 작고 하얗게 될 거예요. 하지만 너무 걱정하지는 마세요! 태양은 아직 많은 에너지를 가지고 있고, 50억 년간 계속 빛날 테니까요.

왜 태양에는 흑점이 있을까요?

흑점은 태양 표면에 나타나는 검고 둥근 점이에요. 에너지 생산이 최대치에 달했을 때 나타나는데, 주위에 비해 온도가 2,000도쯤 낮아서 검게 보이는 것이랍니다. 태양 흑점의 수는 11년 정도의 주기로 변하는데, 에너지 생산이 절정에 이를수록 흑점이 많이 나타나요. 태양의 에너지 생산은 5년 반 동안 늘어나고,

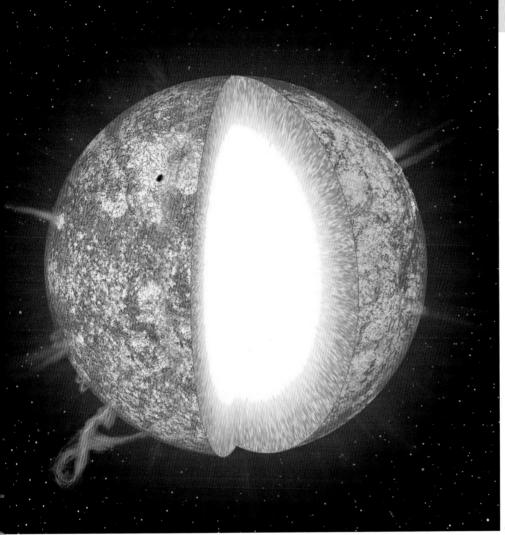

선글라스를 끼고 보아도 마찬가지예요. 반드시 특수한 재질로 만들어진 필터를 착용하고 태양을 보아야 해요.

일식은 왜 일어날까요?

달이 주기적으로 정확하게 태양과 지구 사이에 위치하기 때문이에요. 달로 인해 태양이 완전히 가려지는 일식이 일어나면, 지구의 어떤 곳은 한낮인데도 태양을 볼 수 없어서 캄캄해요.

그다음 5년 반은 감소해요.

태양의 내부는 혼란에 휩싸인 거대한 핵 분화구예요.

왜 태양을 똑바로 쳐다보면 안 될까요?

태양빛이 너무 강해서 눈을 다칠 수 있기 때문이에요.

어머나!

태양 덕분에 우리 몸은 멜라토닌을 만들어 낼 수 있어요. 멜라토닌은 우리 몸의 리듬을 조절하는 역할을 하지요. 그 때문에 의사선생님은 이 기능이 망가진 환자에게 매일 햇볕을 쪼이라는 처방을 내려요.

지구

- 태양계의 다른 행성들처럼 지구도 자전을 하면서 동시에 태양 주위를 공전해요. 속도는 시속 1,700㎞로 초고속 비행기인 콩코드기와 비슷하지요.

- 지구는 암석으로 이루어진 행성이에요. 지구 표면에서 6,400㎞ 아래에는 핵이 위치하고 있어요. 이 핵을 둘러싼 움직이는 뜨거운 암석층을 맨틀이라고 하지요. 그리고 가장 얇은 층인 지각이 지구 표면을 덮고 있어요.

- 지구에 생명체가 살 수 있는 것은 물이 충분하고 대기가 존재하기 때문이에요.

달에서는 지구가 어떻게 보일까요?

우주 공간에서 바라본 지구는 푸르고 반짝이며 구름이 소용돌이치는 모습이에요.

왜 지구의 대륙은 움직일까요?

그 이유는 지각과 맨틀의 최상층으로 구성된 암석권이 판으로 나누어져 있기 때문이에요.

지각보다 딱딱하지 않은 맨틀 내부는 해마다 몇 센티미터씩 판을 끌면서 움직이지요. 그러면서 판끼리 겹쳐지기도 하고 멀어지기도 하는 일이 일어나요. 그 때문에 산맥이 나타나고, 바다 속의 해구가 더 깊어지기도 하는 거예요. 지구의 대륙들 역시 서로 멀어지기도 하고 가까워지기도 하면서 움직이고 있어요.

어떻게 지구 표면에 물이 생겼을까요?

바다는 약 40억 년 전부터 존재해 왔어요. 하지만 아직까지도 물의 기원에 대해 정확히 알지는 못해요. 어쩌면 지구가 탄생한 지 얼마 되지 않았을 때 지구의 중심으로부터 나온 기체의 일부일지도 몰라요. 불덩어리인 지구가 식으면서 대기에 가득 증발해 있던 수증기가 큰 비가 되어 내려 바다가 되지 않았을까 추측하고 있어요. 그리고 지구로 떨어진 혜성이나 운석으로부터 나온 얼음이 더해졌을 수도 있어요.

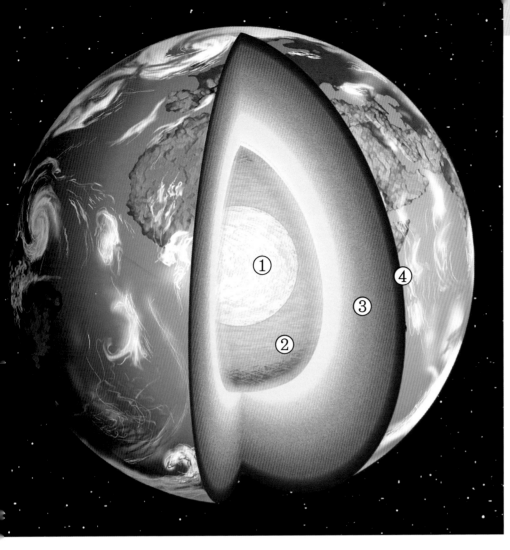

① 내핵
③ 맨틀
② 외핵
④ 지각

열기의 영향으로 대이동이 일어났어요. 니켈과 철 같은 무거운 물질은 가라앉아 핵을 이루고, 규소 같은 가벼운 물질은 상승하여 표면을 이루었지요.

왜 지구의 중심은 액체가 아닐까요?

섭씨 5,000도인 지구의 중심부는 철과 니켈이 녹기에 충분한 온도를 지녔어요. 하지만 압력이 매우 높아서 고체화되어 있지요. 반면에 외핵은 내핵에 비해 온도와 압력이 낮아 철과 니켈이 액체 상태로 남아 있어요.

아마도 지구 표면 전체가 물로 덮여 있을 거예요.

왜 지구를 푸른 행성이라고 할까요?

지구 표면의 70%가 바다로 이루어져 있기 때문이에요. 지각이 상승하지 않았다면,

지구의 핵은 어떻게 구성되어 있을까요?

원래 지구는 부글부글 끓는 불덩어리였는데, 그

어머나!

지금도 과학자들은 25만 년 전 지금도 과학자들은 25만 년 전 갑작스러운 지구의 기후 변화를 연구하고 있어요. 과학자들은 북극의 얼음층에서 채취한 가스의 구성을 분석하지요.

어떻게 지구는 대기를 붙잡고 있을까요?

지구의 인력 덕분에 산소와 질소로 구성된 대기가 지구를 둘러싼 채 머물러 있는 거예요.

왜 지구에만 대기가 존재할까요?

사실 지구만 유일하게 대기가 존재하는 행성은 아니에요. 다른 행성에도 대기가 있지만, 독성이 포함되어 있어요. 예를 들어 금성의 대기는 주

로 탄소 화합물로 이루어져 있는데, 금성에 직접 가 본다면 지옥과 다름없을 거예요.

왜 지구에는 달이 필요할까요?

달은 지구의 위성이지만, 지구를 보호하는 역할도 해요. 달 덕분에 지구만 있을 때보다 좀 더 안정적일 수 있어요.

왜 지구는 혜성의 영향을 거의 받지 않을까요?

지구는 45억 년의 세월 동안 쉬지 않고 움직이고 있어요. 지금도 여전히 매우 활동적이어서 지각을 이루는 암석층도 멈추지 않고 계속 움직이지요. 그래서 지구의 표면에는 1억 년 이상 된 암석이 없어요. 그러니까 만약 혜성이 지구에 떨어진다고 해도 지형적인 활동과 바람, 비의 영향으로 인해 오히려 혜성의 특징이 사라지

게 되지요. 또한 지구의 대기는 우주로부터 혜성이 떨어질 때 속도를 줄이거나 중단시키는 역할을 해 주어요.

왜 지구에는 계절이 있을까요?

지구가 태양을 향해 기울어져 있기 때문이에요. 그래서 기후의 변화가 나타나지요. 지구가 태양 주위를 돌면서 때로는 북반구가, 때로는 남반구가 햇빛을 더 직접적으로 받아요. 그런데다가 공기의 흐름을 만들어 내는 대기의 조절 작용이 더해지지요. 그 때문에 더운 공기는 추운 곳을 향하고, 찬 공기는 더운 곳으로 흘러간답니다.

대기는 태양의 해로운 광선으로부터 지구를 보호해요. 그리고 태양으로부터 받은 에너지의 5분의 2를 돌려보내지요. 밤에는 지구 표면에 열기를 머금고 있는 역할을 하며, 혜성이 추락하는 속도를 늦추기도 한답니다.

왜 높이 점프했다가 내려와도 제자리에 떨어질까요?

지구가 자전하는 속도 때문에 혹시 내가 점프해 있는 동안 지구가 움직여서 처음과 다른 장소에 떨어지지 않을까 하고 생각해 볼 수 있어요. 하지만 점프해 있는 동안 나 역시 지구와 같은 속도로 움직이기 때문에 점프하기 전과 똑같은 장소에 떨어지지요. 지하철 안에서 뛰어도 동일한 지점에 떨어지는 것과 마찬가지 원리예요.

순한 공기층이 아니라, 우리를 숨쉴 수 있게 하고 태양의 해로운 광선으로부터 보호해 주는 방패 역할도 해요. 또 화학 작용 덕분에 산소와 태양 광선은 오존을 만들어 내지요. 훌륭한 방패막인 오존층은 우리가 자외선에 타 버리지 않도록 보호해 주어요.

왜 지구에는 생명체가 있고, 다른 행성에는 없을까요?

지구는 태양과의 거리와 크기가 적당해서 생물이 살기에 알맞은 환경을 유지할 수 있어요. 그리고 무엇보다도 대기가 존재하지요. 지구의 대기는 단

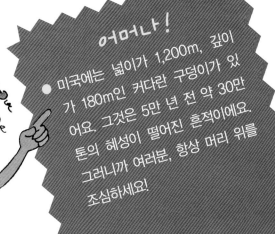

어머나!

● 미국에는 넓이가 1,200m, 깊이가 180m인 커다란 구덩이가 있어요. 그것은 5만 년 전 약 30만 톤의 혜성이 떨어진 흔적이에요. 그러니까 여러분, 항상 머리 위를 조심하세요!

달

달은 지구의 둘레를 공전하면서 동시에 자전을 해요. 생긴 지 얼마 되지 않은 지구가 거대한 물체와 충돌하면서 달이 생겨났지요. 그 충돌의 영향으로 지구의 지각과 맨틀에서 나온 파편들이 지구 둘레를 돌면서 점점 커져 지금의 달이 만들어졌어요. 달은 지금까지 사람이 방문한 태양계의 유일한 장소랍니다.

왜 달은 빛날까요?

사실 달은 빛나지 않아요. 달이 우리 눈에 밝게 보이는 것은 달의 표면에 비친 태양 빛이 반사되기 때문이에요.

왜 달은 모양이 바뀔까요?

초승달이 되었다가 반달이 되었다가 보름달로 변하는 달은 사실 모양이 바뀌는 것이 아니라 위치에 따라 그 상이 다르게 보이는 것뿐이에요. 달은 계속해서 지구의 주위를 돌고, 지구는 쉬지 않고 태양 주위를 돌기 때문에 달과 태양과의 위치는 계속 바뀔 수밖에 없지요. 달이 태양과 가장 멀어질 때면 태양을 완전히 마주 보기

때문에 가장 밝게 빛나는 보름달이 되고, 반대로 달이 태양과 가까워지면 우리는 달의 그늘만 보게 되지요. 그렇기 때문에 달이 움직이면서 모습이 변하는 것처럼 보여요.

왜 달에 바다가 있다고 했을까요?

달을 그냥 눈으로 쳐다보면 좀 더 밝은 부분과 어두운 부분이 있어요. 아주 먼 옛날 천문학자들은 어두운 부분이 바다일

바다? 아닌걸!

달은 지구에서 384,400km 떨어진 곳에 있어요. KTX를 타고 간다면 50일쯤 걸리는 거리예요. 달의 지름은 3,500km예요.

왜 달에는 분화구가 있을까요?

달에는 가까이 다가오는 물체를 태워 버릴 만한 대기권이 없어요. 그래서 운석들이 아무런 방해를 받지 않고 달과 충돌하고는 원래 운석 크기의 30배나 큰 분화구를 남겨 놓지요. 또한 달에는 풍화작용이 일어나지 않기 때문에 더 강력한 운석 충돌이 일어나기 전까지 그 흔적이 사라지지 않고 그대로 유지된답니다.

거라고 생각했지요. 그래서 바다가 있다고 말했던 거예요. 하지만 지금은 그 어두운 부분이 화산 폭발의 흔적이라는 사실이 밝혀졌어요.

27일 + 8시간

왜 우리는 달의 뒷면을 볼 수 없을까요?

그것은 달이 자전하는 속도와 지구 주위를 공전하는 속도가 같기 때문이에요. 그래서 우리는 항상 달의 같은 면만을 볼 수밖에 없어요.

어머나!
달에 있는 가장 큰 분화구는 지름이 2,250km에, 깊이는 12km나 된다고 해요. 그것은 지금까지 밝혀진 태양계의 모든 분화구 중에서 가장 커다란 규모예요.

붉은 행성, 화성

● 화성은 영어로 마스(Mars)라고 하는데, 로마 신화에 나오는 전쟁의 신 마르스의 이름을 따왔어요. 표면이 마치 녹슨 것처럼 붉어서 '붉은 행성'이라는 별명을 갖고 있어요. 화성의 토양은 산소와 철분이 풍부하고, 크기는 지구의 절반 정도예요.

● 화성의 온도는 적도 부근이 섭씨 영하 58도, 극지방은 영하 123도 정도예요. 화성의 풍경은 매우 다양해요. 네 개의 거대한 화산이 있고, 그중 가장 큰 화산은 지면으로부터 27km나 높이 솟아 있어요. 길이가 4,500km나 되는 협곡도 있답니다.

왜 화성의 여름은 북반구보다 남반구가 더 따뜻할까요?

화성은 태양을 원형으로 돌지 않기 때문에 여름이면 남반구가 북반구보다 태양에 훨씬 가깝게 다가가요. 그래서 여름에는 북반구보다 남반구가 더 따뜻해요.

어떻게 화성에 물이 있다는 사실을 알 수 있을까요?

화성 탐사선이 지구의 땅과 계곡을 닮은 화성의 영상을 보내왔기 때문이에요. 그 사진을 보고 지구와 마찬가지로 화성에도 물이 흐른 흔적이 있다는 사실을 알게 되었지요.

왜 화성의 물은 보이지 않을까요?

과학자들은 화성의 물이 지표면 아래에 있거나 얼음 상태일 거라고 추측하고 있어요.

화성에서 가장 큰 화산을 어떻게 부를까요?

올림피아 화산 또는 올림포스 몬스라고 부르는데, 그 이유는 그리스의 신들한테 어울릴 만큼 높기 때문이에요.

화성에는 왜 그렇게 높은 화산이 생겼을까요?

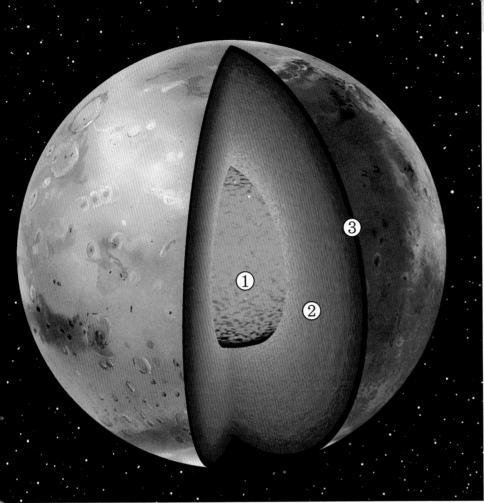

화성의 층
① 금속성 핵　② 맨틀
③ 지각

퍼즐처럼 구성된 지구와는 달리 화성은 단 하나의 표면으로 이루어져 있어요. 그리고 지구처럼 대륙판이 움직이지 않아서 화산은 언제나 같은 자리에 머물러 있지요. 수억 년이 흐르는 동안 여러 차례의 화산 폭발을 거치면서 마그마가 점점 더 높이 쌓인 거예요.

화성의 두 위성을 어떻게 부를까요?
화성에는 두려움을 뜻하는 '포보스'와 혼란을 뜻하는 '데이모스'라는 두 개의 위성이 있

어요. 이 두 위성은 오래된 사과처럼 찌그러진 모양을 하고 있는데, 크기도 아주 작아서 다른 커다란 위성처럼 행성을 안정시키는 역할을 하지 못해요. 그래서 화성의

자전축이 변할 가능성을 배제할 수 없어요.

왜 우리는 화성에서 살 수 없을까요?
화성의 대기는 매우 빈약하고 그나마도 탄소 가스로 이루어져 있어서 숨을 쉴 수 없어요.

어머나!
● 1938년 10월 31일 미국의 한 라디오 프로그램에서 「지구 전쟁의 날」이라는 소설을 처음 발표하면서 화성인들이 곧 침공할 거라고 말했어요. 수백만 명의 청취자들이 얼마나 혼란에 빠졌을지 상상이 되나요?

25

금성

● 금성은 다른 행성들과는 반대 방향으로 자전해요. 금성은 농축된 황산 입자로 이루어진 두꺼운 구름층에 둘러싸여 있어요.

● 금성의 표면 온도는 섭씨 480도에 이르러요. 대기는 대부분 탄소 가스가 차지하고 있지요. 그것을 지구와 비교해 보면, 해저 1,000m와 맞먹는 압력(94기압)이랍니다. 그러니까 아무런 보호 장비 없이 금성에 갔다가는 순식간에 찌그러지고 타면서 질식해 버리고 말 거예요.

왜 금성은 별처럼 빛날까요?

금성을 둘러싼 50km나 되는 구름이 빛을 반사하는 역할을 하기 때문이에요. 그래서 반짝이는 것처럼 보인답니다.

왜 금성을 목동별이라고 부를까요?

금성이 별처럼 밝게 빛나기도 하지만, 옛날 목동들이 저녁에 뜨는 금성을 보고 집으로 돌아갈 시간이 되었음을 알았다고 해서 붙여진 이름이에요. 또 옛날 그리스 사람들은 한밤중에는 보이지 않다가 해가 진 뒤 서쪽 하늘에서, 또 해 뜨기 전 동쪽 하늘에서 보이는 금성을 두 개의 다른 별로 생각하여 아침에는 포스포로스, 저녁에는 헤르페로스로 불렀어요.

왜 금성을 내행성이라고 할까요?

금성이 수성과 마찬가지로 지구보다 태양과 가까운 안쪽 궤도를 돌기 때문이에요.

왜 금성을 항상 볼 수는 없을까요?

금성이 지구와 태양 사이에 있을 때 지구에서 볼 수 있는 곳은 금성의 그늘진 면이에요. 반대로 금성이 태양 뒤에 있을 때 지구에서 보면 밝은 면을 볼 수 있어요.

왜 금성은 그렇게 뜨거울까요?

금성을 둘러싼 구름층을 뚫고

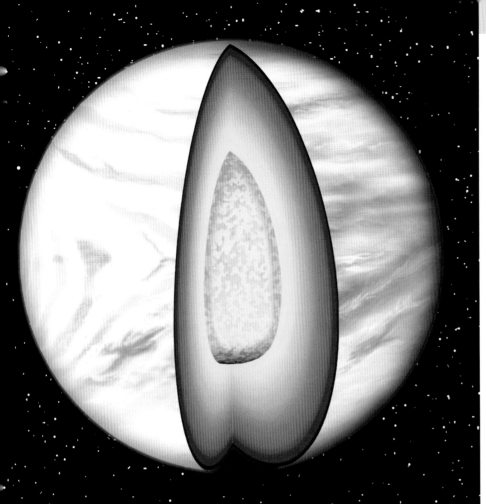

금성은 태양으로부터 1억 8백만km 떨어져 있어요.

왜 뜨거운 열기가 금성의 대기를 빠져나가지 못할까요?

금성의 대기는 96%가 이산화탄소로 이루어져 있어요. 이산화탄소는 열기를 가두는 습성이 있지요. 그래서 금성의 대기는 마치 온실 가스 같은 역할을 한답니다.

들어온 태양열이 표면을 뜨겁게 달구기 때문이에요. 금성은 강한 복사열을 내보내려 하지만, 두꺼운 구름층에 막혀서 나가지 못해요. 그래서 구름 아래 온도가 굉장히 뜨겁답니다.

왜 금성에는 계절이 없을까요?

지구나 화성과는 달리 금성의 자전축은 궤도면에서 3도 정도밖에 기울어지지 않아 계절의 변화가 거의 없어요.

왜 금성은 그렇게 건조할까요?

금성은 원래부터 지구보다 물이 없었어요. 그런데다가 태양과 가까워서 태양열의 영향으로 물이 모두 증발하여 건조해졌지요.

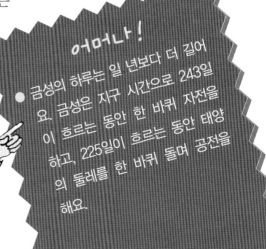

어머나!

금성의 하루는 일 년보다 더 길어요. 금성은 지구 시간으로 243일이 흐르는 동안 한 바퀴 자전을 하고, 225일이 흐르는 동안 태양의 둘레를 한 바퀴 돌며 공전을 해요.

수성과 명왕성

- 수성은 태양계에서 가장 작은 행성이에요. 지름이 4,878km로 지구의 절반도 되지 않아요. 태양을 한 바퀴 도는 데 88일이 걸리고, 태양과 가장 가까이 있을 때는 온도가 섭씨 470도, 밤에는 영하 173도까지 내려가지요.

- 명왕성은 태양계의 가장자리에 위치해 있어요. 태양계의 아홉 번째 행성으로 정의되었다가, 2006년 왜소 행성으로 분류되었어요. 지구에서 보는 명왕성은 마치 50km쯤 떨어져 있는 호두알을 보는 것 같아요. 명왕성의 지름은 2,300km이고, 위성인 카론은 지름이 1,200km 정도예요. 명왕성은 태양을 한 번 공전하는 데 248년이 걸리고, 자전하려면 6일하고 반나절쯤 걸려요.

어떻게 수성은 태양열에 의해 타 버리지 않을까요?

수성은 숯이 되지도, 얼음이 되지도 않아요. 그렇다고 수성에서 일광욕할 생각은 하지 마세요! 얼어붙다가 순식간에 구워질 테니까요. 수성은 태양계에서 가장 일교차가 큰 행성이에요.

왜 수성은 로마 신화에 나오는 신들의 전령인 머큐리 신의 이름을 따왔을까요?

지구에서 보면 수성이 매우 빠르게 움직이는 것 같기 때문이에요. 수성의 공전 주기는 88일로 행성 중에서 가장 짧고, 평균 궤도 속도도 가장 빨라요.

지구는 116일을 주기로 태양을 공전하는 수성을 따라잡아요. 하지만 수성이 태양을 관통하는 일은 매우 드물게 일어나는데, 그러려면 수성이 정확하게 지구와 태양 사이에 놓여야 하기 때문이에요. 그것을 관통한다고 말해요.

왜 수성에는 대기가 없을까요?

수성에도 대기층이 있지만, 아주 얇아요. 수성은 두꺼운 대기를 갖기에는 질량이 너무 작답니다.

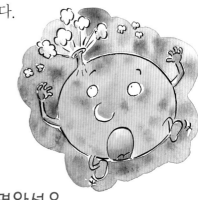

왜 명왕성은 예외적인 행성일까요?

가스로 둘러싸인 태양계의 다

① 수성
② 명왕성

왜 명왕성은 항상 태양계의 맨 끝에 있지 않을까요?

명왕성의 궤도는 타원 모양이기 때문에 해왕성의 궤도 가까이 다가가기도 하면서 항상 맨 끝에 위치하지는 않아요. 명왕성이 태양계의 맨 마지막 자리를 차지하지 않는 기간은 20년 정도 지속되지요.

른 행성들과는 달리 명왕성은 고밀도의 암석 물질이 아니라 고체 메탄으로 구성되어 있어요. 또 수많은 작은 천체들이 명왕성 주위에 있는 것도 다른 행성들과 다른 점이라고 할 수 있어요. 명왕성은 소행성들이 밀집해 있는 카이퍼 벨트 지역에 속해 있어요. 바로 이 점이

명왕성이 태양계의 행성에서 제외된 이유랍니다. 명왕성은 궤도 가까이 있는 카이퍼 벨트를 끌어들일 만큼 충분한 중력을 갖고 있지 못해요. 또한 명왕성은 다른 행성들과는 반대 방향으로 태양을 공전해요.

어머나!

명왕성이 태양에서 가장 멀리 떨어져 있을 때면 평소에 기체 상태이던 명왕성의 대기가 구름이나 얼음으로 변하여 100년 동안 그대로 유지된대요. 참 놀라운 일이지요!

29

목성과 토성

왜 목성을 감싸고 있는 구름은 여러 가지 색을 띠게 되었을까요?

열기에 따라 기체가 이동하면서 그런 현상이 일어나게 되었어요. 목성의 대기는 마치 엘리베이터처럼 층마다 기온이 달라요. 펄펄 끓는 핵으로부터 나온 기체 또한 다양한 온도에 따라 형태가 달라지지요. 구름층 상부 온도보다 아래로 갈수록 색이 진하고 온도와 압력이 높아요.

왜 목성과 토성의 고리는 다를까요?

얼음으로 이루어진 토성의 고리와는 달리 목성의 고리는 주로 먼지로 이루어져 있어요.

토성의 고리는 어떻게 만들어졌을까요?

토성의 고리가 어떻게 생겨났는지는 아직까지 의문으로 남아 있어요. 한 가지 유력한 가설은 위성이 붕괴되면서 나온 잔해물들이 고리를 이루게 되었다는 것이에요.

- 목성은 태양계에서 가장 큰 행성이에요. 지름이 지구보다 11배나 크지요. 주로 수소와 헬륨으로 이루어진 대기가 목성을 덮고 있어요. 태양을 공전하는 데는 12년이 걸리지만, 자전하는 데는 10시간 정도밖에 걸리지 않아요. 목성의 위성은 1990년대에는 갈릴레이가 발견한 4개의 큰 위성을 포함하여 16개로 알려졌지만, 최근 NASA의 자료에 따르면 태양계에서 가장 많은 80여 개의 위성이 발견되었어요.

- 토성은 태양계에서 목성 다음으로 큰 행성이에요. 지름은 지구의 9배예요.

왜 목성에는 고리가 있을까요?

목성은 매우 빠른 속도로 공전하기 때문에 색색의 다양한 띠가 만들어진답니다.

① 목성　　　② 토성

토성의 고리 위에서 스케이트를 탈 수 있을까요?

토성의 고리가 얼음과 바위로 이루어졌으니까 어쩌면 스케이트를 탈 수 있을지도 몰라요. 그러면 총 지름이 백만 킬로미터나 되는 거대한 스케이트장이 될 거예요.

왜 토성의 고리를 항상 볼 수는 없을까요?

토성은 15년마다 고리의 옆 모습을 보여주는데, 그것이 아주 얇기 때문에 우리 눈에는 마치 사라진 것처럼 보인답니다.

왜 과학자들은 토성의 위성인 티탄에 그토록 관심을 가질까요?

지구와 비슷하게 주로 질소로 이루어진 대기를 발견했기 때문이에요. 티탄의 표면에는 바람과 비 등의 기상 현상이 발생하며, 지구의 해변과 비슷한 물결 모양의 지형도 있어서 마치 원시 지구의 모습과 비슷해 보인답니다. 그 때문에 과학자들은 티탄의 연구를 통해 우리가 살고 있는 지구의 기원을 알 수 있지 않을까 기대하고 있어요. 비록 티탄의 온도가 영하 200도까지 내려가기는 하지만요.

어머나!

17세기까지 과학자들은 토성에 손잡이가 달렸거나 귀가 있다고 생각하기도 했어요. 갈릴레이는 처음으로 토성에 두 개의 위성이 있다고 주장했는데, 사실 그것은 바로 토성의 고리였지요.

천왕성과 해왕성

● 천왕성은 언제인지는 모르지만, 아주 큰 충돌을 겪었어요. 천왕성의 공전은 84년이 걸리는데, 자전축이 많이 기울어져 있어서 마치 누워서 자전하는 것처럼 보여요.

● 푸른 행성인 해왕성은 기체가 존재하는 마지막 행성이에요. 해왕성 다음으로는 명왕성밖에 없으니까요. 해왕성에는 8개의 위성이 있어요. 해왕성은 태양을 공전하는 데 165년이 걸리고, 자전하는 데는 16시간이 걸려요.

행성

천왕성은 어떻게 발견되었을까요?

천왕성이 행성으로 규정된 것은 18세기 말경의 일이었어요. 그전에는 그냥 별이라고 생각했지요. 1781년 천왕성을 맨 처음 발견한 윌리엄 허셜 역시 성운이나 혜성일 거라고 생각했대요.

왜 천왕성의 고리는 보이지 않을까요?

천왕성의 고리는 아주 얇아서 1977년에야 처음 발견되었어요. 그중 일곱 개는 비교적 안정적이지만, 나머지 두 개는 거의 눈에 띄지 않아요.

왜 천왕성은 그토록 푸를까요?

천왕성의 대기 중 3%를 차지하는 메탄 가스 때문이에요. 메탄 가스는 붉은빛을 흡수하고, 푸른빛만 반사하지요. 그래서 천왕성이 푸르게 보이는 거예요.

해왕성은 어떻게 발견했을까요?

해왕성의 발견은 수학적인 계산에 따른 결과예요. 1840년 천문학자들은 천왕성의 공전이 수학적으로 계산하여 얻은 예상 궤도를 따르지 않는다는 사

해왕성의 대기에 붉은빛을 흡수하는 메탄 가스가 많이 존재할 뿐만 아니라 가장 높은 층 위의 구름에 있는 작은 얼음 입자들 역시 해왕성을 더 푸르게 보이도록 하지요.

왜 우리는 해왕성의 고리를 잘 볼 수 없을까요?

해왕성의 고리는 균일하지 않아서 어떤 부분은 두껍고 어떤 부분은 얇아요. 암석 부스러기가 뭉쳐 있거나 먼지 입자들로 이루어진 고리의 형태가 불규칙하기 때문에 또렷하게 보이지 않는 거예요.

① 천왕성　　② 해왕성

실을 밝혀냈어요. 그래서 천왕성의 궤도에 만유인력을 미치는 또 다른 행성이 있을 거라고 추측했지요. 많은 천문학자들이 천왕성 밖에 있는 해왕성의 위치를 알기 위해 계산하기 시작했어요. 수학은 참으로 굉장해요! 얼마 가지 않아 논리는 옳았지만, 계산이 잘못되었다는 사실이 밝혀졌는데 이미 해왕성을 발견한 뒤였답니다.

왜 해왕성이 천왕성보다 더 푸를까요?

어머나!

천왕성은 엄청난 충돌 사고를 겪으면서 북쪽을 잃어버렸어요. 그래서 90% 이상 자전축이 기울어진 천왕성은 어디가 북극이고 어디가 남극인지 알 수 없어요.

만유인력

- 만유인력은 모든 물체 사이에 존재하는 서로 끌어당기는 힘으로, 크든 작든 한쪽이 다른 한쪽을 끌어당기는 것을 말해요. 우주의 모든 물체는 이 힘의 영향을 받고 있어요.

- 17세기 영국의 과학자 아이작 뉴턴은 땅으로 떨어지는 사과를 보고 만유인력을 발견했다고 해요. 사과가 땅으로 떨어지는 것은 지구와 달, 지구와 태양뿐 아니라 태양계의 행성들이 서로 영향을 미치는 힘의 작용이라는 결론을 내렸지요.

왜 태양계의 행성들은 태양 주위를 도는 일을 멈추지 않을까요?

태양이 회전하는 물체라는 사실을 기억하세요. 행성들은 원래부터 자전거 바퀴처럼 도는 것에 익숙해요. 태양이 행성들을 잡아당기지 않는다면, 행성들은 똑바로 앞을 향해 직진해 버릴 거예요. 한편 행성들을 돌게 하는 회전운동이 없다면, 행성들은 태양에 이끌려 사라지고 말 거예요. 따라서 행성의 회전운동과 태양으로부터의 인력이 결합하여 행성들을 제 궤도에 유지시키고 있어요.

왜 우주에서는 둥둥 떠다닐까요?

사실 우주에는 우리를 끌어당기는 것이 아무것도 없어요.

우주인이 지구 밖에 있을 때 마치 떠다니는 듯한 것은 그렇게 보일 뿐이에요. 실제로 지구는 항상 우리를 끌어당기고, 그 끌어당기는 힘만큼 멀어지려는 힘이 작용하여 멈춰 있는 듯 보이지요. 그래서 우리가 지구에서 벗어나 끝없이 멀어지는 대신 지구에 머물러 있는 것이랍니다.

왜 우주인은 위성에서 몸무게가 달라질까요?

위성의 인력에 의해 우주인의 몸무게가 다르게 느껴져요. 위성마다 질량이 다르기 때문에

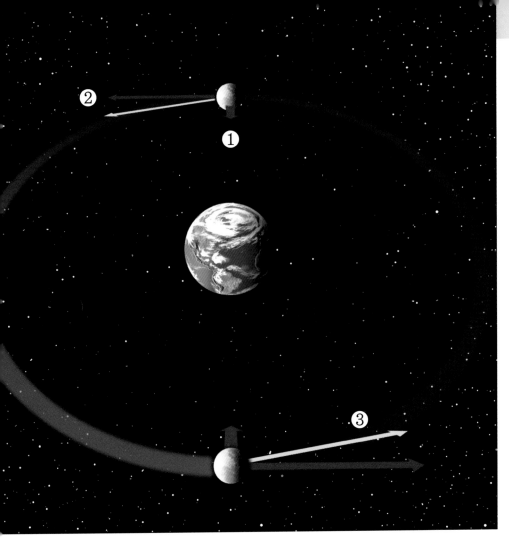

① 지구는 인력으로 달을 잡아당기고 있어요. ② 그렇지 않았다면 달은 직진하여 멀리 달아나 버리고 말았을 거예요. ③ 달은 노란 화살표 방향으로 궤도를 따라 움직이고 있어요.

어떻게 지구를 벗어날 수 있을까요?

그러려면 우선 지구의 중력보다 더 강력한 반대 방향의 힘이 있어야 해요. 위성의 속도처럼 말이에요. 그것은 로켓을 통해서만 이룰 수 있는 시속 28,000㎞의 속도예요.

위성이 미치는 만유인력도 달라져서 우주인은 더 무거워지거나 가벼워지는 느낌을 받게 되지요. 예를 들어 모든 장비를 갖춘 우주인의 몸무게가 지구에서는 180㎏이라면, 달에서는 그것의 6분의 1밖에 되지 않는 30㎏인 것처럼 말이에요.

때문이에요. 그것이 바로 중력이랍니다.

왜 지구 어디에 있든 우리가 우주로 떨어지지 않을까요?

뉴턴의 사과처럼 지구의 중심으로부터 인력의 영향을 받기

어머나!

우주를 떠다니는 동안 우주인들은 손가락 하나로 다른 동료를 번쩍 들어올릴 수도 있대요!

햇빛

빛은 멀리 떨어진 천체로부터 지구에 있는 우리한테 도달해요. 빛의 종류는 무척 다양하지요. 가시광선, 즉 우리 눈에 보이는 빛이 있고, 보이지 않는 비가시광선이 있어요. 비가시광선에는 지구의 대기를 데우는 역할을 하는 적외선과 인체에 해로운 감마선, 자외선 등이 있어요.

햇빛의 가시광선은 우리 눈에 하얀빛으로 보여요. 하지만 실제로는 무지개의 모든 빛깔이 섞여 있어요. 모든 광선은 마치 바닷물이 물결치듯 파동이 일며 우주로부터 지구에 도달해요. 햇빛은 또한 에너지 덩어리이기도 해요.

어떻게 햇빛이 많은 에너지를 가진다는 사실을 알 수 있을까요?

에너지는 파동의 길이에 따라 달라져요. 파동의 길이는 연속한 두 파동의 꼭지점과 꼭지점 사이의 거리를 말해요. 그 길이가 짧을수록 에너지는 더 강력하답니다.

어떻게 빛의 속도를 측정할 수 있을까요?

지금 바닷가에 있다고 상상해 보세요. 과학자들이 사용하는 매우 정밀한 시계인 크로노미터를 가지고 1분 동안 모래에 부딪히는 파도의 수를 재어 보세요. 파도가 12번 부딪혔다고 하면, 파도의 빈도는 1분에 12번이라는 사실을 알 수 있어요. 파동의 길이는 두 꼭지점 사이의 길이라는 것은 이미 알고 있고요. 예를 들어 파동의 길이를 2m라고 가정해 볼까요? 그런 다음 속도를 계산하려면, 빈도수와 파동의 길이를 곱하면 된답니다. 그러니까 속도는 1분당 12×2=24m에 해당해요.

왜 무지개가 생길까요?

대기 중의 수많은 물방울들이 햇빛을 분해하여 각기 다른 색으로 나타나게 할 수 있기 때문이에요. 물방울 입자들이 작으면 작을수록 색깔의 차이를 분명하게 볼 수 있어요.

왜 감마선과 x선은 위험할까요?

감마선과 X선은 치명적일 정

그래서 저녁 하늘이 붉게 보이는 거예요. 화산이 분출하면서 화산재가 공기 중으로 나올 때는 더욱 더 강렬한 붉은색이 하늘을 물들이게 된답니다.

왜 적외선은 우리에게 매우 중요할까요?

적외선이 지구를 따뜻하게 해 주기 때문이에요. 적외선이 없다면, 지구는 지금보다 30도 정도 더 추울 거예요. 으~ 생각만 해도 정말 춥겠지요?

도로 많은 에너지를 가지고 있기 때문이에요. 다행히 지구의 표면에 도달하기 전에 오존층이 그것을 걸러 주지요. 그렇기 때문에 요즘 지구의 오존층이 점점 사라지면서 구멍이 뚫리고 있다는 사실을 걱정할 수밖에 없어요.

왜 해가 질 때 하늘이 붉어질까요?

해가 질 때 태양 광선은 비스듬하게 뻗어 나오기 때문에 더 많은 기체층을 통과해야 해요. 이런 공기 필터를 통과하는 동안 붉은빛만이 유일하게 빠져 나올 수 있어요.

어머나!

햇빛은 1억 5천만km쯤 되는 지구와 태양 사이의 거리를 불과 8분 20초 만에 도달한답니다.

지구에서 보는 우주

수천 년 동안 인류는 지구에서의 삶을 더 잘 이해하기 위해 하늘을 관찰해 왔어요.

선사시대에도 태양과 달, 별들의 움직임을 관찰하는 천문대를 지었어요.

고대의 인도, 이집트, 중국, 바빌론, 중앙아메리카의 학자들은 인류의 미래를 예측하기 위해 별의 움직임을 읽을 수 있는 달력을 만들었어요. 천문학은 그리스 사람들에 의해 진정한 과학이 되었지요. 그리스 사람들은 최초로 일식과 월식을 이해했어요.

문제가 있어요!

선사시대에 만든 천문대는 어떻게 생겼을까요?

아주 먼 옛날, 천문대 역할을 한 것들 중에는 선사시대에 만들어져서 3,500년 동안 사용한 스톤헨지가 있어요. 그것은 영국의 솔즈베리 근교에 있지요. 선사시대의 사람들은 거대한 바위를 가지고 건축물을 만들려고 했어요. 중앙에 놓인 제단석을 빙 둘러싸고 돌기둥이 말굽 모양으로 늘어서 있고, 바깥쪽에는 2~7m 높이에 50톤이 넘는 기둥 모양의 돌들이 둥그렇게 줄지어 서 있지요. 스톤헨지의 입구는 하지에 해 뜨는 방향에 맞추어 배치되어 있어요.

어떻게 지구가 둥글다는 사실을 알았을까요?

월식을 관찰하면서 달에 비치는 지구의 그림자를 보게 되었어요. 그때 지구의 그림자는 언제나 둥근 모양이었지요. 이를 바탕으로 기원전 6세기에 그리스의 학자 아리스토텔레스는 지구가 둥글다는 결론을 내렸답니다.

왜 달력에는 365일이 표시되어 있을까요?

365일로 구성된 달력은 이집트 사람들이 맨 처음 만들었어요. 그들은 태양의 움직임을 기초로 달력을 만들었지요. 그 전에는 달의 움직임을 보고 만들었어요. 이집트 사람들은 일년을 30일로 된 열두 달과 마지막에 5일을 더해서 달력을

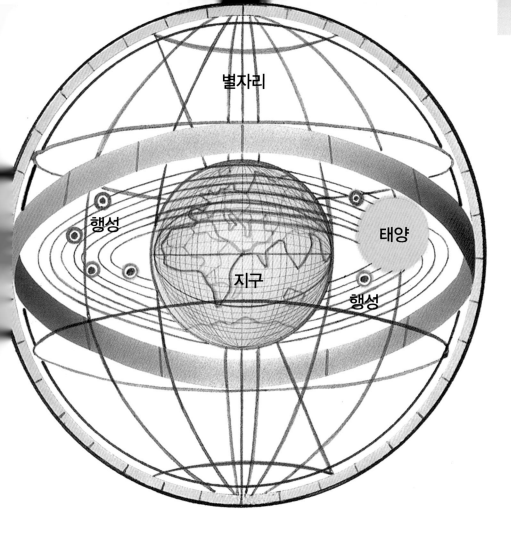

별자리

행성

지구

행성

태양

코페르니쿠스는 행성들을 중심에서 조정하는 것이 태양이라고 말했어요. 그 당시 그의 발언은 종교계에서 혹독한 처벌을 받아야 마땅했지만, 똑같은 이유로 1600년에 화형을 당한 철학자 조르다노 브루노에 비하면 코페르니쿠스는 엄청난 행운이 따랐나 봐요.

만들었어요. 마지막 5일은 어느 달에도 속하지 않아요. 이집트 사제들은 나일강이 범람하는 시기를 한 해의 시작으로 삼으려고 했어요. 새해의 시작은 농사의 반환점이 되는 시기와 시리우스 별과 태양이 동시에 뜨는 때이기도 했답니다.

옛날 사람들은 우주를 어떻게 상상했을까요?

아주 오랫동안 인류는 지구가 우주의 중심이며, 다른 행성들이 지구를 중심으로 돈다고 믿었어요. 그런 생각에 처음 의문을 가진 것은 16세기가 되어서였어요.

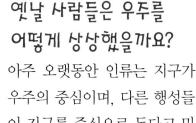

어머나!

지금 우리가 사용하는 달력은 로마 사람들에서 비롯되었어요. 로마 사람들은 바빌론 사람들한테서 하루를 24시간으로 나누는 방식과 요일 이름을, 히브리 사람들한테서 토요일과 휴일 이름을, 날짜의 수는 이집트 사람들한테서 영향을 받았대요.

천체 관측기구

- 17세기까지 천문학자들은 맨눈으로 천체를 관측했어요. 이탈리아의 갈릴레오는 최초로 사물을 몇 배 더 크게 볼 수 있는 천문 렌즈를 사용한 사람들 가운데 한 명이에요. 갈릴레오는 태양에 흑점이 있고, 달에 산이 있다는 사실을 밝혀냈지요. 1670년경 영국의 과학자 뉴턴은 천체망원경을 발명했어요.

- 오늘날 천문학자들은 전파의 파장을 잡아내는 전파망원경을 통해 우주의 소리를 들을 수 있어요. 전파망원경은 대기의 영향을 받지 않도록 지구 밖에 설치되어 있어요.

어떻게 천문대의 위치를 결정할까요?

천문대는 가능한 한 사람들이 사는 지역과 멀리 떨어져 있어야 해요. 도시에서 나오는 인공적인 빛과 라디오 전파 등을 피하기 위해서지요. 그리고 대기의 소용돌이가 일어나지 않는 장소를 찾는 것도 매우 중요해요. 그것이 가장 까다로운 조건이에요. 그래서 높은 산 위에 설치하는 것이 가장 좋답니다.

왜 대기가 천체 관측을 방해할까요?

대기는 이미지를 왜곡하고 빛의 일부를 막기도 해요. 천문학자들은 마치 수영장 가장자리에서 수면에 비치는 바닥을 보는 것과 비슷하다고 설명하지요. 그만큼 희미한 이미지를 말해요.

왜 천체망원경은 점점 더 커질까요?

더 넓은 시야를 확보하고, 더 많은 빛을 잡아내기 위해서예요. 사실 가장 미세한 빛이 중요해요. 별들이 아주 약한 빛을 낼 수도 있기 때문이에요. 1970년대에 천문학자들은 수집한 빛을 100배로 증가시킬 수 있는 망원경을 사용했어요.

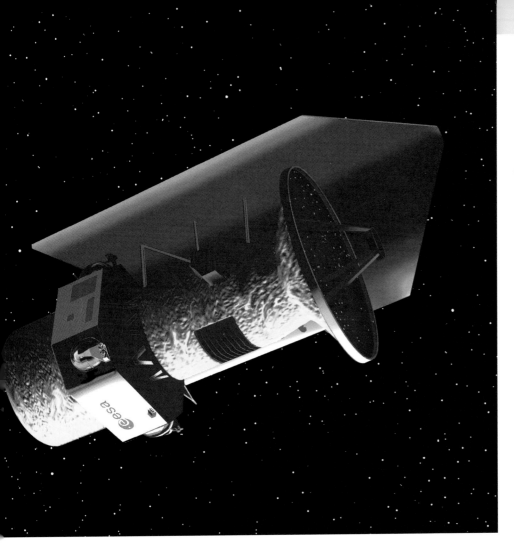

허블 망원경의 후속작은 허셜 망원경인데, 유럽에서 개발되었어요.

어떻게 새로운 별을 관찰할 수 있을까요?

허블 망원경 덕분에 우리는 벌써 태양계 너머에 있는 여러 개의 별을 발견했어요. 2010년 국제우주정거장은 처음으로 움직이는 별을 촬영할 로켓을 발사할 거예요. 어쩌면 수십만 개의 별들 가운데 또 다른 행성을 발견할 수 있을지도 몰라요.

허셜 망원경은 지구에서 150만km 떨어진 궤도에 놓일 예정이에요.

왜 허블 망원경은 더 잘 보일까요?

지상으로부터 600km 높이에 있는 허블 망원경은 대기로 인해 손상되기 전의 빛을 볼 수 있어요. 허블 망원경은 지구에 있는 거대 망원경보다 열 배쯤 더 잘 보여요.

가장 멀리 있는 별을 보려면 어떻게 해야 할까요?

여러 개의 망원경을 동시에 사용하는 방법이 있어요. 여러 거울을 통해 나온 빛을 합하면 거대 망원경의 효과를 낼 수 있지요.

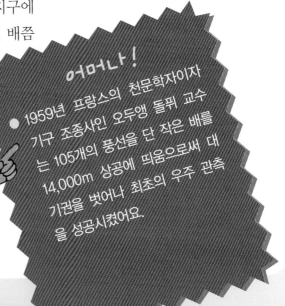

어머나!

1959년 프랑스의 천문학자이자 기구 조종사인 오두앵 돌퓌 교수는 105개의 풍선을 단 작은 배를 14,000m 상공에 띄움으로써 대기권을 벗어나 최초의 우주 관측을 성공시켰어요.

최초의 로켓

최초의 로켓은 중국 사람들이 발명했어요. 석탄과 초석, 유황을 혼합하여 만든 화약을 발명하면서 시작되었지요. 10세기 초에는 이 검은 가루를 군인들이 사용했어요. 그것은 폭죽의 한 종류로 하늘에서 요란하게 터진다고 해서 '날아다니는 불'이라고 불렸답니다.

화약 무기는 연기를 내는 발연탄이나 소화탄 같은 것들로 다양해졌어요. 얼마 뒤에는 나무나 대나무로 만든 관에 화약을 넣어서 추진체로 사용했지요. 그리고 그 관 속에 화살을 넣었어요. 불을 붙이면, 화약이 폭발하면서 화살을 발사시켰어요. 그렇게 첫 번째 로켓이 탄생했답니다.

어떻게 그 기술이 서양에 전해졌을까요?

포탄에 사용된 화약이 18세기경 유럽에 전해진 것은 아랍 사람들을 통해서라고 해요. 중국 사람들이 사용한 대나무 관 대신에 유럽에서는 쇠로 만든 관을 사용했어요.

왜 로켓 발명이 서양의 전쟁 기술을 획기적으로 변화시켰을까요?

중세에 사용하던 엄청나게 큰 투석기보다 쇠로 만든 관을 이동하는 것이 훨씬 수월했기 때

문이에요. 처음에는 폭발의 규모보다도 발사할 때 들리는 엄청난 굉음이 더 두려움을 느끼게 했어요.

이 새로운 무기를 어떻게 불렀을까요?

그 당시 사람들은 이 새로운 무기를 '불의 입'이라고 불렀어요. 돌을 뿜거나 자갈이 든 주머니를 멀리까지 쏘아 올렸으니 그럴 만도 하지요.

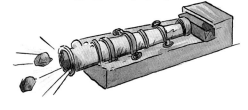

이 무기들은 어떻게 발전했을까요?

사정거리와 정확도, 그리고 발사되는 포탄의 양을 늘리기 위한 노력이 계속되었어요. 1806년 윌리엄 콩그리브 경이 발명해서 콩그리브 로켓이라고 이름붙여진 무기는 3km까지 날아갈 수 있었어요. 프랑스 사람들에게는 이 로켓에 대해 좋지 않은 기억이 있어요. 같은 해에 18척의 영국 선박이 프랑스 불

또한 화약이 한 번에 모두 소진되는 불편함도 있었어요. 그렇게 한 번에 연료를 다 사용하고 나면 로켓은 어떻게 되겠어요?

중국 사람들은 왜 화약을 축제에 사용했을까요?

중국 사람들은 불꽃놀이를 할 폭죽을 만들 때 화약처럼 혼합하는 방식을 사용했어요. 불꽃을 더 아름답게 하기 위해서 색을 내는 몇 가지 물질을 첨가했지요. 그것이 사람들에게 행복을 가져다 준다고 믿었기 때문이에요.

영국 사람들은 이 무기를 나폴레옹과 싸운 워털루 전투에서도 사용했어요. 수천만 명의 군사들이 이 무기로 인해 목숨을 잃었어요.

로뉴 항의 2,400m 앞까지 접근하여 마을을 향해 2만여 개의 포탄을 발사했거든요.

왜 이 새로운 무기로 사람을 우주로 보내려는 생각을 하지 못했을까요?

이 무기로는 사람을 이동시키거나 우주로 보내는 것은 불가능했어요. 그 추진체는 중력을 이길 만큼의 큰 힘을 가지지 못했기 때문이에요.

어머나!

1865년 「지구에서 달까지」라는 소설을 쓴 프랑스의 작가 쥘 베른은 거대한 포탄을 발사하듯 사람을 포탄에 묶어서 투석기로 쓰는 모습을 자신의 작품에 묘사해 놓았어요.

우주로 가다

- 고대부터 인간은 우주 여행을 꿈 꿔 왔어요. 하지만 그 방법은 황 당한 것이 많았지요. 예를 들어 시라노 드 베르주라크는 이슬 한 병을 허리춤에 차고 있으면, 해 가 뜰 때 햇빛이 이슬방울을 끌 어당기듯 자신도 하늘로 올라가 는 꿈을 꾸었대요.

- 18세기에 이르러 마침내 꿈이 실 현되었어요. 몽골피에 형제는 더 운 공기를 불어넣은 풍선 기구를 타고 하늘로 올랐어요. 몇 년 뒤, 그들의 기본 설계를 수정하여 만 든 더 큰 기구가 상층대기를 탐사 하는 길을 열어 주었어요.

- 액체 추진 방식의 로켓은 1926 년 미국에서 최초로 발사했어요.

몽골피에 형제의 기구는 어떻게 날 수 있었을까요?

몽골피에 형제의 첫 번째 기구에 는 불꽃으로 데 운 공기가 채워 졌어요. 뜨거운 공기는 밀도가 낮아 바깥 의 찬 공기 보다 가벼워서 자연히 기구가 뜨게 되지요. 최초의 풍선 기구 조종사들은 짚단을 태워 불을 계속 지펴야 했기 때문에 쉴 틈이 없었대 요. 나중에는 뜨거운 공기 대 신 수소 가스를 사용했어요. 조종사들은 고도를 조종하고 수소 가스가 빠져나가는 것에 대비하여 모래 주머니를 기구 밖으로 던지곤 했어요.

어떻게 로켓을 우주로 쏘아 올릴까요?

18세기에 뉴턴은 '모든 운동은 작용과 반작용이 있다' 는 해결 책을 발견해 냈어요. 그것이 바로 로켓 발사의 원칙이에요.

로켓의 모터를 가동시키는 연 료가 연소하면서 가스를 뒤쪽 으로 내뿜으면(작용), 이 가스 가 반대 방향으로 미는 힘이 되어 로켓을 앞으로 나아가게 해요(반작용). 이것은 우리가 풍선을 불 때도 마찬가지예요. 풍선 입구를 잘 묶지 않으면 공기가 빠져나가면서 풍선이 날아가 버리지요.

왜 비행기는 우주로 갈 수 없을까요?

보통 비행기의 모터는 지구의 인력을 이겨 낼 만큼 강하지 못 해요. 지구 궤도에 오르기 위해 서는 시속 28,000km의 속도에 도달해야 하는데, 현재 가장 빠 른 비행기인 콩코드기조차 시속 2,000km를 넘지 못한답니다.

Le navire aérien de Lana, utilisé pour un voyage interplanétaire.

17세기 이탈리아의 학자 라나 는 배에 커다란 풍선을 달고 우주를 여행하는 모습을 상상 했대요.

왜 여러 개의 단을 가진 로켓을 만들까요?

그 방식을 통해 연료를 모두 사용한 단을 분리해 버리고 그만큼 가벼워진 로켓으로 더 빨리 더 높이 날 수 있도 록 하기 위해서예요.

는 그보다 훨씬 더 강력한 액 체 연료를 고안해 냈지요. 그 것은 석유처럼 연소하는 물질 과 연소에 꼭 필요한 산소를 제공하는 물질을 혼합한 것이 었어요. 산소가 없으면 연소할 수 없으니까요.

치올코프스키 호는 어떤 에너지를 사용했을까요?

초기의 로켓은 화약을 연료로 사용했어요. 치올코프스키 호

어머나!
콘스탄틴 치올코프스키는 우주항 공학의 기초를 마련한 러시아 사 람이에요. 모스크바 근교의 한 도 시에서 별다른 지원 없이 혼자 연 구한 스물여섯 살의 젊은 교사인 치올코프스키 덕분에 우주를 향한 인류의 꿈이 실현될 수 있었어요.

우주를 향한 경주

- 1927년 독일 사람 헤르만 오베르트는 위대한 학자들을 모아 우주 여행 단체를 만들었어요. 독일에서는 발틱해 부근에 로켓을 연구하고 실험하는 시설을 마련했지요.

- 제2차 세계대전 기간 동안 독일은 V-2 로켓이라는 이름으로 알려진 군사용 목적의 A-4를 만들었어요. 1945년 미국과 러시아는 각기 자기 나라에서 최초의 우주인이 탄생하기를 바라면서 독일의 로켓과 그것을 개발한 연구진을 데려왔어요.

왜 냉전이라고 했을까요?

냉전은 두 국가 사이에 직접 전쟁이 일어나지는 않았지만, 미사일 등의 무기를 만들면서 서로 위협하는 것을 말해요. 1950년대의 세계는 소련을 둘러싼 동구권과 미국을 중심으로 하는 서구권으로 나뉘어 서로 적대시했어요.

A-4는 어땠을까요?

A-4는 길이가 14m이고 무게가 12,000kg에 1.75m의 상층부를 갖춘 장거리 로켓이었어요. 발사 순간 모터는 25톤의 힘을 발휘했지요. 1942년 10월 3일, 첫 비행에서 A-4는 1톤짜리 폭탄을 싣고 초속 1,340m의 속도로 17.7km 상공까지 날아올

랐어요. 그런 놀라운 로켓이 전쟁에 사용되었다는 사실은 매우 안타까운 일이에요.

왜 A-4는 V-2라는 별명을 갖게 되었을까요?

히틀러가 A-4를 보복 무기라고 불렀기 때문이에요. '보복 무기(Vergeltungswaffen)'라는 뜻의 독일어 낱말에서 첫 글자 V를 따왔어요.

왜 러시아와 미국은 독일의 로켓과 로켓 개발자들을 데려왔을까요?

그 이유는 독일의 로켓이 특히 비행거리 면에서 이룩한 성과를 이용하기 위해서였어요. 당시 미국은 8,000km를 비행할 수 있는 로켓을 연구했고, 러

되고, 아래 부분의 넓이가 10.3m에 이르며, 출발 시점의 무게는 300톤, 발사 순간의 압력은 450톤에 달했지요.

왜 미국과 러시아는 서로 먼저 우주에 가기를 원했을까요?

경쟁 국가가 먼저 우주에 가서 지구를 관찰하는 것이 두려웠기 때문이에요. 하늘 위에서 누군가 계속 우리나라를 지켜본다면 기분이 좋지 않잖아요? 특히 그 존재가 최대 적대 국가라면 더욱 그렇겠지요.

V-2 로켓의 발사는 세계대전 이후 거의 모든 로켓 발사의 근본이 되었어요.

R-7은 어땠을까요?

R-7은 거대한 크기의 로켓으로, 그 당시 경쟁 중이던 미국의 레드스톤보다 네 배나 더 강력한 힘을 지니고 있었어요. R-7에 관한 연구는 1992년까지 1,400번의 발사가 이루어지면서 오랫동안 계속되었어요. 높이가 30m나

시아는 폭탄을 더 멀리까지 수송할 수 있는 로켓을 계획하고 있었어요. 1957년에 러시아는 R-7이라는 최초의 대륙간 로켓을 발사했어요.

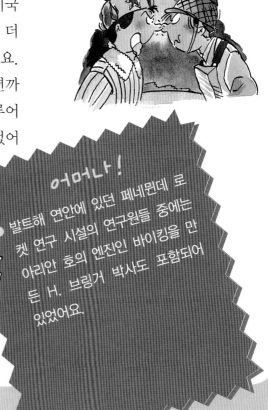

어머나!
발트해 연안에 있던 페네뮌데 로켓 연구 시설의 연구원들 중에는 아리안 호의 엔진인 바이킹을 만든 H. 브링거 박사도 포함되어 있었어요.

우주를 차지하기 위한 경쟁

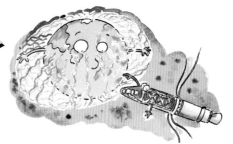

로켓에 관해 관심을 보인 것은 군사 분야에서만이 아니었어요. 과학자들 역시 지구 대기권 밖으로 물체를 보내고, 우주의 환경을 연구하기 위해 로켓을 사용했지요. 관찰 로켓은 몇 분 동안 비행한 뒤에 지구로 돌아왔어요. 과학자들은 한 걸음 더 나아가 지구를 도는 궤도 위성을 쏘아 올려 사진을 찍거나 실험을 하고 싶어 했어요.

최초로 로켓 발사에 성공한 나라는 러시아였어요. 1957년 10월 4일 스푸트니크 1호가 삐-삐-신호를 보내면서 지구를 선회하는 데 성공했지요. 1959년 9월 12일에는 무인 달탐사선 루나 2호가 달에 도착했는데, 사람이 만든 기계가 지구가 아닌 다른 우주와 접촉하는 최초의 역사적 사건이었답니다.

왜 우주선과 위성을 우주로 보낼까요?

우주를 연구하기 위해서라고 할 수 있어요. 미국이 쏘아 올린 인공위성 익스플로러 1호 덕분에 1958년 밴 앨런 복사대를 발견할 수 있었어요. 또한 우주와 지구를 관찰하고 실험하는 목적도 있어요.

우주선은 어떻게 다시 지구로 내려올까요?

낙하산으로요. 참 간단하지요?

왜 우주탐사선은 궤도를 따라 돌지 않을까요?

우주탐사선은 지구의 중력으로부터 자유롭지 못해요. 우주탐사선은 시속 7,200km로 하강을 시작하기 전 100km까지는 수직으로 상승해요. 로봇 우주선인 인공위성은 시속 28,000km로 수평 방향으로 전진한 뒤에 200km 상공에서 궤도를 따라 움직이지요.

왜 미국은 러시아에 비해 우주 연구가 많이 늦었을까요?

미국은 군사용 로켓을 과학 연구에 이용하려 하지 않았어요. 그래서 새로운 개념의 로켓을 개발해야 했는데, 그것이 바로 밴가드 호였어요. 러시아는 군사용 로켓과 평화적인 목적의 로켓에 똑같은 기계를 사용하면서 시간을 벌 수 있었지요. 거대한 크기의 로켓인 R-7처럼 꽤 앞선 기술과 함께요.

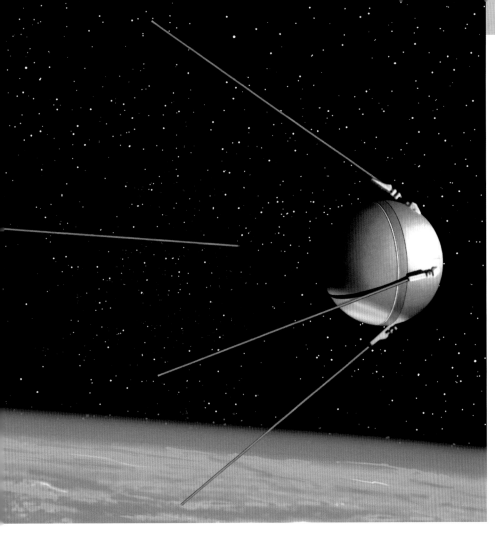

첫 번째 인공위성인 스푸트니크 1호는 러시아에 의해 발사되었고, 두 쌍의 안테나가 달린 공 모양이에요.

삐— 삐— 신호음이 거슬렸을 거예요. 결국 미국도 군사용 로켓을 평화적인 연구에 사용하기로 결정했지요. 그 결과 1958년 1월 1일에 익스플로러 1호가 성공적으로 발사되면서 11년간 우주를 비행했답니다.

루나 2호는 어떻게 달에 착륙했을까요?

'착륙'은 참으로 굉장한 말이에요! 사실 루나 2호는 착륙했다기보다 달 표면에 있는 '고요의 바다(현무암질의 어둡고 편평한 지대)'에 부딪혀 부서졌다고 해야 정확해요. 비록 부서졌다고 하더라도 달에 도착했다는 사실은 대단한 성과임에 틀림없어요.

스푸트니크 1호는 어땠을까요?

83kg 무게에 네 개의 안테나를 가진 스푸트니크 1호는 거대한 거미의 모습과 비슷해요. 스푸트니크 1호가 지구를 한 바퀴 도는 데는 96분이 걸려요.

미국은 스푸트니크 1호가 발사된 것을 보며 어떻게 생각했을까요?

2kg도 채 되지 않는 '자몽'이라는 이름의 인공위성을 우주로 쏘아 올리려고 노력할수록 미국은 러시아의 스푸트니크 1호가 지구 위에서 보내 오는

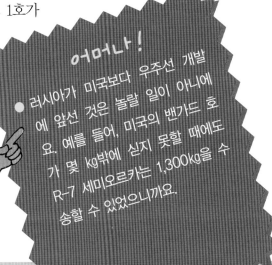

어머나!

러시아가 미국보다 우주선 개발에 앞선 것은 놀랄 일이 아니에요. 예를 들어, 미국의 밴가드 호가 몇 kg밖에 싣지 못할 때에도 R-7 세미오르카는 1,300kg을 수송할 수 있었으니까요.

우주에 간 인류

- 우주로 사람을 보내는 것은 로봇을 보내는 것과는 전혀 달라요. 건강한 상태로 지구로 돌아올 수 있어야 하기 때문이지요. 또 우주선에 사람을 태울 부분이 고려되어야 하고, 우주선을 궤도에 올릴 수 있는 강력한 힘도 필요해요.

- 우주로 날아간 첫 번째 영웅은 작은 암캐 '라이카' 였어요. 라이카는 최초의 우주 개로 1957년 11월 3일 스푸트니크 2호를 타고 지구의 대기층을 벗어났어요.

- 그로부터 3년 반쯤 지난 1961년 4월 12일 러시아의 유리 가가린은 보스토크 1호를 타고 우주로 날아올랐어요. 시속 28,000km로 지구를 한 바퀴 돌고 지구로 돌아오는 데 성공했지요. 가가린이 비행하는 동안 지구에서는 그의 건강 상태를 계속 체크했어요.

왜 우주에 사람보다 먼저 동물을 보냈을까요?

우주 비행 초기에는 사람을 보내는 대신 신체 기관의 반응을 실험해 보는 과정이 필요했어요. 물론 시범 우주비행사들도 적절한 장치를 갖추었지요. 러시아는 개를 택했고, 미국은 원숭이를 선택했어요. 프랑스는 헥토르라는 흰 쥐와 펠리세트라는 고양이를 우주로 보냈지요. 그 뒤로 많은 동물들이 우주로 날아갔어요. 개구리, 뱀, 풍뎅이, 파리, 물고기, 개미, 해파리 들이 우주에서의 연구를 위해 사용되었답니다.

왜 라이카는 우주선에 고정되어 있었을까요?

라이카의 집은 미래지향적이고 안락했어요. 라이카가 편안하게 지낼 수 있도록 만들고, 숨을 쉴 수 있게 실내 기압을 유지시켰지요. 전극을 연결하여 라이카의 심장박동수와 호흡을 계속 관찰했어요. 하지만 라이카는 지구로 돌아오기 전 안타깝게도 죽고 말았어요.

가가린은 우주선을 어떻게 조종했을까요?

사실 우주선을 조종한 사람은 가가린이 아니에요. 물론 위급한 상황을 위해 수동으로 운전할 수 있도록 훈련을 받았지만, 이륙부터 하강까지 모든 조작은 자동으로 이루어졌어요. 그런데

어요. 그래서 우주선은 불을 차단하는 열방패 외피를 가지고 있지요. 열방패가 불을 막는다고 하더라도 우주선 내부의 온도가 상승하는 것까지 완전히 막지는 못해요. 미국이 발사한 우주선 머큐리 호는 대기권에 진입할 때 섭씨 39도를 기록했어요.

유리 가가린은 우주 공간에서 지구를 한 바퀴 여행한 최초의 사람이에요.

착륙만큼은 가가린이 직접 우주선과 분리되는 의자를 조작하여 낙하산을 펼쳤어요.

어떻게 우주선은 대기를 통과하면서 불타지 않을까요?

우주선이 대기를 뚫고 들어오는 속도를 생각하면, 우주선에 불이 붙어 녹아 버릴 수도 있

어머나!
머큐리 호가 하강하는 동안 미국의 우주비행사 앨런 셰퍼드는 지구에서보다 11배가 더 무거운 몸무게를 기록했어요. 거의 1톤이 되는 셈이었지요. 이런 엄청난 압력 속에서도 그는 실험을 계속했어요.

우주선에서는 화장실을 어떻게 갈까요?

20~30m밖에 되지 않는 우주선에 화장실을 따로 지을 수는 없었어요. 그렇다고 아무데나 실례할 수도 없고요. 예전에는 우주 비행 시간이 매우 짧아서 소변을 보려는 욕구가 크게 들지 않았어요. 그런데 미국의 첫 번째 우주인은 화장실에 가고 싶어서 어쩔 수 없이 우주복 안에다 실례를 했대요. 최근에는 우주복 안에 소변을 정화하는 장치를 마련해 놓았어요.

우주인은 어떻게 숨을 쉴까요?

러시아의 우주인들은 우주선 안에서도 지구에서와 똑같이 숨을 쉬어요. 미국의 우주인들은 인체에 해롭지는 않지만, 무게가 좀 더 가벼운 지구와는 다른 공기로 숨을 쉬지요.

우주선의 제동은 어떻게 할까요?

시속 28,000km로 날다가 멈추기 위해서는 제동을 잘하는 것이 매우 중요해요. 하강을 시작하면 역추진 로켓이 작동되지요. 그리고 낙하산이 펼쳐져요. 유리 가가린이 탑승한 우주선에는 비행사를 위해 의자에 설치된 낙하산과 우주선을 위한 낙하산이 따로 있었어요. 그래서 우주인과 우주선은 각기 다른 곳에 착륙했어요.

왜 미국의 우주인은 바다에, 러시아는 땅에 착륙했을까요?

그것은 지리적 특성에 따라 결정해요. 옛 러시아의 우주 발사 기지인 코스모드롬(바이코누르 우주기지라고도 함)은 카자흐스탄에 매우 가까운 사막 한가운데 위치하고 있어요. 미국의 우주기지는 인구 밀도가 높고 바다에 둘러싸인 지역에 있어서 바다에 착륙하는 것이 더 쉬워요. 바다든 땅이든 착륙하는 것은 부드러운 과정이 아니랍니다. 머큐리 호의 최초 시험 비행 때는 침팬지가 타고 있었는데, 하마터면 우주선이 굴러갈 뻔했대요.

우주비행사를 어떻게 부를까요?

나라마다 달라요. 러시아는 코스모노트(cosmonaut), 미국은 애스트로넛(astronaut), 프랑스는 스파시오노트(spationaute)라고 불러요.

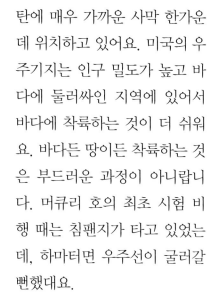

엄청난 성공을 거둔 레오노프는 어떻게 착륙했을까요?

멋진 우주 나들이 뒤에 레오노프는 우랄산맥 숲 속의 커다란 소나무 두 그루 사이에서 꼬박 하룻밤을 지새야 했어요. 힘겨운 착륙 과정에서 우주선이 나무 사이에 걸려 버린 거예요. 물론 문을 열 수도 없었고요. 그래서 탑승해 있던 두 명의 우주비행사는 계속 구조 요청을 하면서 엄청난 추위와 싸워야 했지요. 게다가 냉각 시스템은 멈출 줄 몰랐고, 난방장치는 고장 나 있었답니다.

우주에서의 첫 번째 외출은 어땠을까요?

시속 28,000km로 날아가 지구와 200km 떨어진 진공 상태에서 재주를 넘는 것은 그리 어려운 일이 아니에요. 1965년 3월 18일 알렉세이 레오노프는 처음으로 우주선 밖으로 나가 가볍게 5,000km를 10분 만에 주파했어요. 그의 우주복에는 숨을 쉬도록 산소통이 달려 있고, 무사히 우주선으로 돌아오기 위한 밧줄이 연결되어 있었지요.

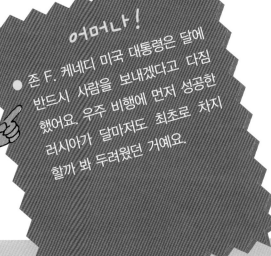

어머나!

존 F. 케네디 미국 대통령은 달에 반드시 사람을 보내겠다고 다짐했어요. 우주 비행에 먼저 성공한 러시아가 달마저도 최초로 차지할까 봐 두려웠던 거예요.

달을 향한 발걸음

러시아가 최초로 사람을 우주로 보내는 데 성공하자, 미국의 케네디 대통령은 1961년 5월 25일 달을 향한 도전을 발표했어요. 바로 아폴로 계획이에요. 러시아는 그에 맞서 소유스 계획을 내놓았지요. 지구와 384,000㎞ 떨어진 달에 가려면 지구궤도를 벗어나 시속 40,000㎞ 이상으로 날 수 있는 우주선이 필요했어요. 또 달의 궤도에 들어가기 전에 속도를 줄여야 했지요. 우주선이 속도를 줄여서 충격 없이 조심스럽게 달에 착륙하는 방법을 시도해야 했어요. 그리고 달을 떠날 때도 또다시 강력한 힘이 필요하고, 지구를 지나치지 않고 지구궤도에 무사히 진입해야만 했답니다.

왜 달에 우주비행사를 보내려고 했을까요?

지구에서 달까지 384,000㎞밖에 되지 않기 때문이에요! 지구와 가장 가까운 화성까지의 거리가 56,000,000㎞인 것을 생각해 보면 충분히 그럴 수 있지요. 1969년 지구를 떠나 달에 착륙할 때까지 3일이 걸렸는데, 화성에 가는 것은 오늘날에도 6개월이 걸린답니다.

왜 지구와 달 사이를 오가는 여행은 며칠밖에 걸리지 않을까요?

멀리 떨어져 있긴 하지만, 우주선은 시속 40,000km의 속도로 날기 때문에 달까지의 여행은 그리 오래 걸리지 않아요. 또 우주에는 우주선의 속도를 방해하는 교통 체증이 없어요.

달 착륙 위치는 어떻게 결정했을까요?

우주선이 달에 착륙하기 전에 달 표면에 무엇이 있는지, 무게는 얼마나 견딜 수 있는지, 암초가 많거나 경사는 없는지 잘 알아봐야 했어요. 그래서 사람이 직접 달 탐사에 나서기 전에 로봇을 먼저 보내 바닥의 요철은 물론, 온도와 흙의 특성 등을 알아보도록 했지요. 하지만 여전히 어려운 점이 남아 있었어요. 1966년 2월, 여러 번의 실패 끝에 마침내 소련의 루나 9호가 최초로 달 착륙에 성공했어요. 그다음은 같은 해 6월 미국의 서베이어 1호 로봇이 달에 성공적으로 착륙했지요.

우주선은 어떻게 구성될까요?

우주선은 두 부분으로 나눌 수 있어요. 하나는 조종실로, 우주비행사들이 먹고 자고 실험하는 곳이에요. 또 다른 부분은 달에 직접 내려가는 달 착륙선이에요. 달 착륙선이 달에서 임무를 수행하는 동안 조종실은 계속 궤도상에 남아 있어요.

어떻게 미국은 달 표면이 우주선이 착륙할 만큼 단단한지 알았을까요?

달 착륙에 성공한 서베이어 1호 덕분에 달 표면이 커다란 기계가 착륙하기에 적당한 땅이라는 사실을 알게 되었어요. 그리고 과학자들은 달에서 가져온 토양의 성분을 분석하여 달에 산소가 존재하지 않는다는 결론을 내렸지요. 미국은 서베이어 호의 경험을 토대로 달 표면에 부드럽게 착륙할 수 있는 기계를 만드는 방법을 고

컬럼비아 우주선에 붙어 있는 달 착륙선은 달을 향해 하강하기 시작했어요. 속도를 줄이고 부드럽게 착륙하기 위해 역추진 로켓이 사용되었어요.

안해 냈어요. 우주비행사의 안전을 위해서는 모든 정보가 꼭 필요해요.

어머나!
새턴 5호는 110m 높이로 33층 건물과 맞먹는 크기의 대형 로켓이에요. 미국의 케이프커내버럴 지역에는 로켓의 각 부분을 조립하기 위해 특별한 건물들이 지어졌어요.

왜 우주선은 여러 부분으로 분리될까요?

우주선의 각 부분은 특별한 역할을 해요. 지구에서 이륙하려는 순간이나 달에서 다시 지구로 돌아오려고 할 때, 우주선의 무게에 따라 개발에 필요한 천문학적인 금액이 달라지지요. 44톤의 아폴로 11호가 달에 갔지만, 달 착륙선은 16톤이었어요. 달 착륙선만 달에 보내면 엄청난 금액을 절약할 수 있어요. 44톤보다는 16톤짜리 우주선을 띄우는 것이 훨씬 쉬우니까요. 달 착륙선 역시 두 부분으로 나뉘어 한 부분은 하강을, 다른 한 부분은 상승하는 목적을 지녀요. 하강하는 임무를 수행한 부분은 상승부의 이륙을 위한 발사대 역할을 한 다음 달에 남겨지지요. 그렇게 함으로써 우주선의 무게를 더 줄일 수 있어요.

다시 왔구나!

달 착륙은 어떻게 이루어질까요?

달에는 공기가 없기 때문에 낙하산을 이용해서 착륙할 수 없어요. 착륙을 위해 속도를 줄이려면 제동하는 로켓이나 역추진 로켓을 발사하는 방법을 이용하지요. 조종부에서 분리된 달 착륙선은 달 표면에 착륙할 때 완충 역할을 하는 네 개의 다리를 펼친답니다.

달 착륙선은 어떻게 지구로 돌아올까요?

달에 착륙했던 부분은 그대로 지구로 돌아올 수 없어요. 열방패가 없는 상태로 대기에 진입했다가는 불꽃이 되어 타 버리고 말 테니까요. 탑승해 있던 우주비행사들은 달 착륙선을 조종부에 단단히 연결하여 돌아와야 했어요.

어떻게 44톤이나 되는 기계를 우주로 날려 보낼까요?

그 작업을 수행하려면 로켓이 매우 강력해야 해요. 아폴로 11호의 비행을 성공시킨 새턴 5호는 110m 높이에, 크기와 무게가 12대의 대형 항공기를 합친 만큼 엄청났지요. 그래서 이륙할 때 1단의 다섯 개의 모터가 작동하면서 총 3,500톤의 압력을 발생시켰어요.

왜 러시아는 달에 가지 못했을까요?

우주를 향한 도전은 위험과 실패가 뒤따라요. 미국과 마찬가지로 러시아도 많은 실패를 겪으며 여러 명이 생명을 잃었어요. 1967년 1월 27일에는 세 명의 미국 우주비행사가 훈련 도중 우주선 안에서 일어난 화재로 사망했어요. 석 달 뒤에는 러시아의 코마로프가 소유스 1

아폴로 11호의 달 착륙선은 '독수리'라고 불렸어요. 선실은 매우 좁아서 몸을 쭉 펴고 누울 수도 없었어요. 그래서 선 채로 휴식했대요.

인 크롤러를 사용했지요. 로켓은 축구장 절반 크기의 받침대에 놓인답니다.

호에서 생명을 잃었지요. 바이코누르 우주기지에서도 이런 재앙은 계속되었어요. 거대한 크기의 로켓 N-1 호는 네 번이나 폭발 사고를 겪었어요. 그래서 미국이 달을 정복하는 미션에 성공하자마자, 러시아는 달을 향한 경주를 포기했어요.

어떻게 거대한 로켓을 발사대까지 이동시킬까요?

러시아는 철도 위에 로켓을 누인 채 이동시켰어요. 미국은 엄청난 크기의 무한궤도 열차

어머나!

● 1960년대 초반 아폴로 계획은 총 37만 7천여 명의 인력을 동원했어요. 이 엄청난 규모의 작업에는 1천억 유로라는 엄청난 비용이 들었어요.

달에서의 첫걸음

1969년, 마침내 여러 번의 시범 비행 끝에 달을 향한 길이 열렸어요. 7월 16일 8시 32분 케이프 커내버럴에서 새턴 5호의 다섯 개 모터가 작동하면서 우주여행이 시작되었지요. 12분 뒤 우주비행사 마이클 콜린스와 닐 암스트롱, 그리고 에드윈 올드린은 28,000km 상공으로 날아올랐어요. 지구 중력의 영향에서 벗어나자, 3단인 모터의 엔진이 꺼지고 시속 40,000km로 날아올랐지요. 7월 17일에 우주선은 달의 영향권에 들어섰답니다. 거기에서 우주선은 두 개로 나뉘어 콜린스는 조종실에 남고, 암스트롱과 올드린은 달 착륙선을 나와 1969년 7월 20일 저녁 8시 17분 인류 역사상 최초로 달에 첫발을 내디뎠어요.

처음으로 달을 밟은 사람은 누구일까요?

인류 최초로 달 착륙선을 나온 사람은 닐 암스트롱이었어요. 그는 왼발로 달을 디디며 회색 먼지를 일으켰지요. 그러고는 달 표면에 서서 "이것은 한 사람의 작은 발자국이자, 인류의 거대한 발자국이다"라는 유명한 말을 남겼어요. 버즈라는 별명으로 불리는 올드린은 몇 분 뒤 그를 따라 달 표면을 밟았어요.

달을 밟은 첫 느낌은 어땠을까요?

처음은 아주 조용하고 차분했어요. 아무도 가 본 적 없는 곳을 탐사할 때는 언제나 신중하고 참을성 있게 행동해야 하며, 모든 상황에 대처할 만큼

철저한 준비가 필요하지요. 두 번째로 달을 밟은 올드린은 그때의 기분을 "의욕이 넘치면서도 소름 끼친다"고 표현했어요. 상상만 해보아도 그 기분을 알 것 같지요?

달 착륙선에서는 어떻게 잠을 잘까요?

달 착륙선은 특급 호텔이 아니에요. 벨트에 묶인 채 서서 잠을 자야 해요.

왜 나를 묶는지 설명을 들어야겠어.

왜 우주용 지프차가 사용되었을까요?

우주에서 이동을 하는 것은 쉽지 않아요. 특히 우주복을 입고 있다면 더욱 그렇지요. 그래서 아폴로 15호, 16호, 17호는 바퀴가 넓은 일종의 지프차를 가져갔어요. 전기 배터리를

잠수복과 비슷하게 생겼는데, 세 겹으로 이루어져 있어요. 첫 번째는 신체 반응을 제어할 수 있도록 만들어진 몸에 딱 붙는 옷이에요. 두 번째는 우주비행사들이 너무 덥지 않도록 여러 개의 관이 있어 시원한 물을 공급하지요. 마지막 옷은 우주의 환경으로부터 비행사들을 보호하도록 내구성 있는 재질로 만들어져 있어요.

첫 번째로 달 착륙에 성공한 아폴로 11호에는 지프차가 없었어요.

사용한 이 차의 속도는 시속 14km로 보잘것없었어요. 그래도 아폴로 17호는 시속 35km까지 달릴 수 있는 차를 가져갔어요.

초기 우주비행사들은 어떻게 옷을 입었을까요?

달팽이가 등에 집을 짊어지고 다니는 것과 비슷해요. 우주복에는 생명 유지에 필요한 여러 기계 장치가 달려 있어요. 우주복은

어머나!

• 달 표면에 여러 개의 거울로 조합된 과녁 비슷한 반사판을 놓고 지구로부터 나오는 레이저 광선을 반사하여 되돌려 보내면 지구와 달의 거리를 10cm 정도의 오차 범위 내에서 정확하게 측정할 수 있어요.

우주인은 어떻게 숨을 쉴까요?

우주복은 비행기처럼 실내 기압을 유지시켜 주어요. 그것은 지구와 같은 기압을 만들어 낸다는 뜻이에요. 그래서 우주비행사는 우주선 안에서도 지구에 있을 때처럼 숨을 쉴 수 있어요.

왜 우주복의 헬멧에는 금이 있을까요?

금은 햇빛과 태양열을 모두 반사해요. 달에는 대기가 없기 때문에 태양으로부터 나오는 자외선에 의해 눈이 멀 수도 있어요.

달 표면에 꽂힌 깃발은 왜 펄럭이지 않을까요?

달에는 대기가 없기 때문에 깃발이 펄럭일 수 없어요. 깃발은 금속으로 된 깃대에 고정되어 있어요.

왜 달에서는 걷기가 어려울까요?

달의 중력은 지구의 6분의 1밖에 되지 않아요. 그래서 우주비행사들은 달을 걸으면서 떠다니는 듯한 느낌을 받지요. 움직일 때는 튀어오르면서 이동해요. 직접 달 표면을 밟으며 뛰어가면 멈추는 것이 거의 불가능해요.

달에서는 어떻게 샘플을 채취할까요?

무중력 상태에서는 신체의 균형을 잡는 것이 어렵기 때문에 구부러지는 손잡이가 달린 긴 집게를 사용하여 몸을 많이 숙이지 않고도 샘플을 채취할 수 있도록 했어요. 그렇게 채취한 샘플은 곧바로 상자에 넣어 밀봉해요. 첫 번째 달 탐사에서 가져온 암석 샘플은 21kg이었고, 최근에는 110kg을 가져왔어요.

왜 달에서 샘플을 채취해 왔을까요?

달을 더 잘 알기 위해서예요. 지구로 가져온 샘플을 분석하여 그 결과를 토대로 달의 생성과 나이를 알 수 있지요.

어쩌고 저쩌고 종알종알

1969년 이후 계속된 아폴로 호의 임무를 통해 우주비행사들은 달의 여러 부분을 탐사하며 실험하고 암석 샘플을 수집했어요.

그러고는 1972년부터 엄청난 비용이 드는 달 탐사를 중단했지요. 지금은 로봇이 사진을 찍고 샘플을 수집할 수 있게 되었어요. 로봇은 사람을 직접 달에 보내는 것보다 비용이 훨씬 적게 들어요.

왜 요즘은 달에 사람을 보내지 않을까요?

아폴로 호가 여섯 번의 임무를 수행하는 동안 미국은 달의 사진을 촬영하고 암석 샘플을 채취하는 등 모든 실험을 완수했어요.

어떻게 우주비행사를 지구에서도 보았을까요?

달 착륙선에 설치된 카메라를 삼각대에 고정해 지구에서 텔레비전을 지켜보는 7억 3천3백만 시청자와 함께 우주 탐사의 특별한 경험을 나눌 수 있도록 했어요.

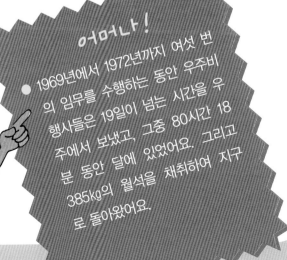

어머나!

1969년에서 1972년까지 여섯 번의 임무를 수행하는 동안 우주비행사들은 19일이 넘는 시간을 우주에서 보냈고, 그중 80시간 18분 동안 달에 있었어요. 그리고 지구로 385kg의 월석을 채취하여 지구로 돌아왔어요.

로켓 발사

로켓은 발사되는 물체예요. 실제 우주로 향하는 비행 기체는 수송 부분이라고 하지요. 그것은 궤도 위성일 수도 있고, 우주정거장에 합류할 부분일 수도 있고, 또 저 멀리 있는 행성으로 보내기 위한 관측기구일 수도 있어요.

소련의 프로톤은 705톤이나 되는 무거운 로켓이었어요. 그에 비해 더 작은 짐을 운반하기 위한 가벼운 로켓들도 있지요. 2005년 유럽에서 쏘아 올린 소형 로켓 베가는 무게가 1톤 정도밖에 되지 않았어요.

우주선은 어떻게 이륙할까요?

우주선은 굉장히 무거워요. 아리안 5호는 무게가 717톤이나 나갔어요. 그래서 1단 높이의 추진 장치를 설치하여 이륙을 도왔지요. 이륙한 뒤 몇 분이 지나면 연료를 모두 소비한 추진 장치는 자동적으로 분리되고, 로켓은 자신의 엔진으로 비행을 계속해요.

왜 로켓은 여러 단으로 나뉘어 있을까요?

더 강력한 힘을 발휘하기 위해서예요. 각 단마다 각각의 엔진과 연료 탱크가 있어요. 첫 번째, 두 번째, 세 번째 단계별로 하나씩 실행되지요. 그런 단계를 통해서 더 높은 속도를 낼 수 있어요. 연료를 모두 사용한 단이 하나씩 떨어져 나가면 로켓은 가벼워져서 점점 더 빠른 속도를 내게 되지요.

왜 로켓은 하늘을 향해 수직으로 발사할까요?

그것은 로켓의 속도에 저항하는 대기를 가장 빠르게 통과하기 위해서예요. 두 번째 단계가 되어서야 위성을 궤도에 올리기 위해 로켓은 수평으로 기울어져서 비행해요.

로켓은 왜 다시 땅으로 내려올까요?

한번 발사된 로켓은 다시 사용하지 않아요. 땅으로 내려오는 동안 로켓은 여러 조각으로 나뉘거나 대기를 통과하면서 불

경제적인 부담을 줄이는 것이에요. 아리안 4호 같은 로켓을 만드는 데는 약 1억 달러가 들어요. 가루처럼 사라져 버리는 로켓을 만드는 데 보통 수억 달러의 비용이 들지요.

왜 로켓은 좌약 같은 모양일까요?

그것이 공기를 헤쳐 나가기에 가장 효율적인 모양이에요.

소련의 프로톤 로켓은 21톤짜리 위성을 싣고 우주로 날아갔어요.

미래의 로켓은 어떻게 변할까요?

지금 연구 중인 목표는 다시 사용할 수 있는 로켓을 만들어 냄으로써

타 버리고 말지요. 일단 임무를 완수하면 수명이 끝나는 거예요. 가장 먼저 땅에 떨어지는 것이 추진 장치이고, 이어서 로켓의 여러 부분이 연속해서 떨어져요.

어머나!

소련의 에네르기아 호는 전세계에서 가장 무거운 로켓이에요. 무게가 3,850톤이나 나가고, 200톤이 넘는 짐을 실을 수 있어요.

63

미국의 우주왕복선

1972년에 미국은 사람과 물건을 우주로 보낼 수 있을 뿐 아니라 여러 번 사용할 수 있는 우주왕복선의 개발을 발표했어요. 이 우주왕복선은 독일의 공학자 오이겐 젱거가 50여 년 전에 고안한 로켓 비행기에서 영감을 얻었지요. 시속 22,000㎞로 날 수 있고, 250㎞ 상공을 비행하며, 한 번의 비행을 마치면 지구에 있는 우주기지로 돌아와요. 우주왕복선에 대한 꿈은 1981년에 실현되었답니다.

우주왕복선의 발사는 어떻게 이루어졌을까요?

두 개의 거대한 연료통과 두 개의 추진 장치로 발사에 필요한 에너지를 만들어 낼 수 있었어요. 50㎞ 정도의 고도에 이르러 다 사용한 연료통이 분리되고, 땅으로 떨어지기 전에 낙하산이 펼쳐졌어요. 8분 정도 비행하면 모터는 외부에 장착한 750톤의 연료를 모두 사용한 뒤 우주선으로부터 떨어져 나갔지요. 그리고 나서 우주선만 우주로 날아갔어요.

우주왕복선을 어떻게 다시 사용할까요?

우선 낙하산을 타고 내려온 추진 장치를 바다에서 건져 내야 해요. 그것은 그리 쉬운 일이

아니에요. 추진 장치를 건지기 위해 수백 명이 동원되지요. 크게 손상되지 않았더라도 추진 장치의 몇몇 부분은 바꿔 주어야 해요. 우주선의 경우에는 지구로 돌아오면 먼저 3개월 정도 상태를 점검하는데, 그때 7천여 명의 인력이 함께 일한답니다. 연료통은 다시 찾을 수 없어요. 이런 조건들 때문에 우주선의 발사는 일 년에 열 번 정도 이루어지고, 여러 대의 우주선을 번갈아 가며 사용하고 있어요.

우주왕복선은 어떻게 만들어질까요?

우주왕복선은 비행사와 우주에서 활동할 때 필요한 물품들을 수송하는 비행선이에요. 길이는 37m로 보통 항공기 크기

도와줘!

챌린저 호는 왜 폭발했을까요?

접합 과정의 결함으로 인해 연료통이 샜고, 그 때문에 이륙한 지 일 분 뒤에 폭발 하고 말았어요. 일곱 명이 사망했는데, 그중에는 우주 여행객으로 선발된 교사 크 리스타 매콜리프도 포함되 어 있었어요.

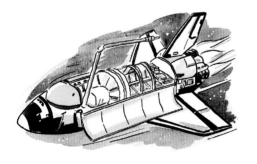

우주로부터 돌아온 우주왕복선은 보잉 747의 넓은 등에 실려 발사 대로 돌아왔어요. 우주선의 꼬리 부분은 모터를 보호하기 위해 막 으로 감싸여 있었지요.

예요. 조종실이 있고, 그 아래 우주비행사 여덟 명이 함께 생 활하는 공간이 있어요. 내부는 터널로 연결되었는데, 이 터널 에 실험실이 있고, 위성이나 우주정거장과 관련한 시설들 이 자리잡고 있어요.

어머나!

알아맞혀 보세요. 컬럼비아, 챌린 저, 디스커버리, 아틀란티스, 인데 버 등의 우주선 이름은 어디에서 따온 것일까요? 모두 유명한 요 트에서 이름을 따왔어요. 인데버 는 '노력'이라는 뜻을 지녀요.

어떻게 대기로 진입하는 우주선을 보호할까요?

다른 모든 우주선처럼 우주왕복선 역시 대기로 들어올 때 불타 버리지 않도록 방화 장치를 입혀요. 마찰에 가장 노출되기 쉬운 코와 배, 날개 아래 부분은 특별히 실리콘 섬유로 만든 타일로 마무리하지요. 이 부분에 사용되는 수천 개의 내열 타일에는 각각 번호가 매겨져 있고 모두 손으로 붙이는 작업을 한대요. 그 때문에 우주왕복선에 '날아다니는 벽돌'이라는 별명이 생겼답니다.

우주왕복선은 어떻게 착륙할까요?

우주왕복선이 궤도상에서 성공적으로 임무를 마치면, 그로부터 한 시간도 채 되지 않아서 거대한 글라이더와 함께 착륙해요. 착륙을 위해 날개 아래와 코 부분에 설치된 낙하산이 펼쳐지지요. 착륙할 때의 속도는 시속 370km로 비행기와 비교하면 두 배쯤 빨라요. 이 과정에서 조종사는 절대 실수하면 안 돼요! 엔진을 다시 사용할 수 없기 때문에 무조건 첫 번째 시도에서 성공해야만 하지요. 기상 상태에 따라 조종사는 케네디 우주 센터에 착륙할지, 캘리포니아의 에드워드 공군기지에 착륙할지 선택해요.

위성은 어떻게 우주선에 실릴까요?

위성을 실으려면 18m 길이의 화물칸 전부가 필요해요.

우주왕복선은 어떻게 위성을 궤도에 올려놓을까요?

우주왕복선이 지상으로부터 300~400km 상공에 이르면 화물칸이 열려요. 그때 위성이 떨어져 나가거나 우주왕복선의 날개가 나와서 위성을 떨어뜨리지요. 로켓과 마찬가지로 위성 역시 높은 자기 궤도에 오르기 위해서는 특별한 엔진이 필요해요. 1981년 우주왕복선의 등장과 함께 미국은 챌린저 호의 사고와 우주 임무 수행에 드는 엄청난 비용을 고려하여 '버려지는 로켓'을 다시 사용할 방법이 없을까 생각하게 되었어요. 그 결과로 만들어진 것이 타이탄이나 델타 로켓같이 우주비행사가 필요 없는 발사체들이었어요.

왜 다른 나라는 우주왕복선을 만들지 않을까요?

사실 몇몇 나라는 진지하게 우주왕복선을 만드는 것을 고려하고 있어요. 바로 유럽의 '소우주선 계획'이에요. 우주인 세 명과 3톤의 화물을 보낼 수 있는 에르메스 호는 9일 동안 우주에 머물 수 있어요. 첫 번째 비행이 2002년에 계획되었는데, 아쉽게도 실행되지 못했어요.

우주왕복선의 역할은 비행사들을 우주정거장에 데려다 주거나 지구로 귀환시키고, 또 인공위성이나 우주탐사선을 쏘아 올리는 거예요. 스페이스랩 같은 우주실험실을 보내 우주 공간에서 실험할 수 있도록 하기도 해요.

또 우주왕복선은 우주정거장에 비행사를 보낼 때도 사용된답니다.

왜 우주왕복선이 전통적인 로켓보다 많이 사용될까요?

실험을 하거나 고장 난 부분을 수리하는 일처럼 사람이 꼭 해야 할 일이 있기 때문이에요.

어머나!

● 1984년 11월 웨스타 위성은 잘못된 궤도에 올려졌어요. 그래서 위성을 다시 발사하기 위해 우주왕복선의 화물칸에 싣고 지구로 가져왔어요.

아리안 호

- 유럽 최초의 로켓 발사 계획은 1961년에 시작되었어요. 1974년에는 아리안 계획을 발표했지요.

- 아리안 호는 1979년에 처음 발사되었어요. 점점 발전된 형태의 모습을 보이다가 지금은 두 종류의 모델이 사용되고 있어요. 아리안 4호는 2톤에서 4.7톤 정도 무게가 나가는 인공위성을 쏘아 올리고, 아리안 5호는 6톤의 위성을, 2005년 말에는 12톤에 달하는 위성을 발사할 수 있게 되었어요.

- 한 번의 발사로 두 개의 인공위성을 쏘아 올릴 수 있게 되면서 아리안 계획은 눈부신 성공을 이루었어요. 그 뒤로 전세계 인공위성 산업 시장의 60% 이상을 차지하게 되었지요.

아리안 4호의 발사는 어떻게 이루어졌을까요?

모든 아리안 호는 남아메리카에 있는 기아나의 쿠루 기지에서 발사해요. 많은 반대를 무릅쓰고 로켓은 엄청난 소음을 내며 쿠루 기지를 이륙했지요. 470톤에 달하는 무게를 들어 올리기 위해서는 여덟 개의 모터가 필요했어요. 겨우 몇 초가 지나자, 아리안 호는 이미 지상에서 멀리 떨어져 있었답니다! 몇 분 뒤 보충 로켓 엔진은 분리되어 대서양에 떨어졌어요.

그러면 로켓은 좀 더 가벼워져서 속도를 낼 수 있어요. 고도가 150km에 이르면 로켓의 코를 보호하는 모자가 두 부분으로 열리면서 물로 떨어지고, 200km쯤 되면 로켓은 올라가는 것을 멈추고 인공위성을 좋은 위치에 쏘아 올릴 수 있도록 옆으로 누워요. 그렇게 수평 방향의 추진이 몇 분 지난 뒤 세 번째 단계에서 인공위성을 밖으로 내보내지요. 만약 인공위성이 하나 더 실려 있다면, 아리안 호는 그 위성 역시 좋은 위치에 쏘아 올리기 위해 방향을 바꾼답니다.

어떻게 조종사 없이 아리안 호만 날아갈 수 있었을까요?

조종사도 없는 아리안 호가 우리 머리 위에서 제멋대로 움직이게 내버려 둘 수는 없지요! 로켓에는 예상한 궤도대로 가고 있는지 매 순간 감시하는 전자 두뇌가 달려 있답니다.

아리안 호는 어떻게 궤도를 바꿀까요?

보통 로켓처럼 아리안 호에도 조종사가 타고 있지 않아요.

원하는 방향으로 돌리게 하는 컴퓨터가 설치되어 있어요. 로켓의 코가 열리고 인공위성을 내보내면 위성은 초속 10.2㎞로 돌진해 나아가요.

왜 유럽 사람들은 아리안 호를 만들었을까요?

러시아나 미국에 의존하지 않고 독자적으로 인공위성을 쏘아 올리기 위해서였어요.

그리고 우주에는 공기가 없기 때문에 비행기에 달린 보조 꼬리 날개를 이용하여 궤도를 바꿀 수도 없어요. 따라서 궤도를 수정하는 유일한 방법은 로켓이 진공으로 나아갈 수 있도록 뒤로 분출하는 연소 가스의 방향을 바꾸는 거예요.

아리안 호는 유럽의 12개국이 공동으로 제작에 참여한 로켓이에요.

아리안 호는 어떻게 인공위성들을 쏘아 올릴까요?

로켓의 가장 끝단 안쪽에 인공위성을

어머나!

● 현재 목표는 아리안 로켓의 모든 부분이 쿠루 기지에 도착하는 순간부터 단 5일에서 20일 만에 재발사 준비를 마치는 거예요. 이 기간은 일 년에 여덟 개에서 열 개의 로켓을 발사하는 대기록이랍니다!

아리안 5호는 어떻게 작동했을까요?

가장 중요한 제1단은 진공 상태를 기준으로 할 때 100톤에 이르는 압력을 추진시키는 하나의 엔진으로 작동해요. 이 대단한 불캐인(Vulcain) 엔진은 유럽에서는 이제까지 한 번도 사용한 적 없는 가장 큰 로켓 엔진이에요. 발사 7초 전 점화가 이루어지면서 로켓의 작동을 점검하지요. 30m가 넘는 크기의 로켓 엔진 두 개가 에너지를 공급하면서 이륙하는 것을 가능하게 해 주어요. 또한 궤도에 위성을 쏘아 올리게 되어 있는 제3단 역시 임무에 알맞은 엔진을 갖추고 있어요.

아리안 호는 어떻게 만들어질까요?

수많은 회사들이 전문 분야에 따라 아리안 호의 제작에 참여해요. 로켓의 각 부분은 발사 기준에 따라 발사 전에 점검을 받지요. 로켓을 만들려면 세심한 주의가 필요하답니다. 왜냐하면 로켓의 각 부분들이 발사와 우주 공간이라는 아주 특별한 상황에 맞서야 하기 때문이에요. 가장 중요한 요소들 가운데 하나는 연료 소비를 줄이기 위해 최대한 가볍게 만드는 것이고, 또 하나는 저항력을 갖추는 것이에요. 발사할 때 일어나는 엄청난 진동을 견뎌야 하기 때문이에요. 로켓의 구조는 기술자들에 의해 계속 수정되지요. 마치 꿀벌들이 수많은 작은 구멍을 이어 벌집을 짓듯, 그것에서 영감을 받아서 튼튼함과 가벼움을 겸비한 우주선의 구조를 생각해 냈답니다.

어떻게 로켓을 기아나의 쿠루 기지까지 운반할까요?

로켓의 크기를 생각해 보면, 발사 기지가 아닌 다른 장소에서 로켓을 조립하는 것은 거의 불가능해요. 그래서 로켓의 부품들을 발사 장소인 쿠루 기지까지 배로 옮겨 오지요. 인공위성 역시 배로 이동해요.

어떻게 로켓을 발사대로 옮길까요?

레일에 놓인 움직이는 거대한 테이블 위에서 로켓을 조립해요. 작업이 끝나면 곧추세워진 상태로 발사 지점으로 옮겨요. 그곳이 마지막 준비 장소이자 인공위성을 로켓에 싣는 곳이에요. 첫 번째 로켓이 발사 준비를 마치는 대로 두 번째 로켓이 연속적으로 발사 준비 과정에 들어가요.

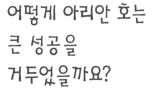

어떻게 아리안 호는 큰 성공을 거두었을까요?

다양한 요구 사항에 따라 알맞게 발사할 수 있기 때문이에요. 실제로 아리안 호는 여러 가지 형태가 존재해요. 보충 로켓 엔진의 개수와 종류는 로켓의 실제 임무에 따라 달라지지요. 아리안 호는 운반하는 인공위성의 성능에 맞추어 효율적으로 짐을 실을 수 있게 함으로써 발사 비용을 줄일 수 있어요.

왜 로켓에는 국기가 그려져 있을까요?

로켓의 제작에 참여한 나라들의 국기예요. 자기 나라의 국기가 그려진 로켓을 보면 친숙

사진과 같은 방법으로 로켓을 발사 지점으로 옮겨요.

하게 느껴질 뿐만 아니라 자부심을 갖게 되지요.

어머나!

아리안 5호는 인공위성을 궤도에 올려놓는 것에 만족하지 않고, 미래의 보급우주선인 ATV를 국제우주정거장에 보내는 일도 맡아 할 거예요.

지구궤도에 진입하기

- 어떤 물체를 지구궤도에 올려놓는다는 것은 그 물체가 대기층 위에 자리잡으면서 동시에 지구 주위를 멈추지 않고 돌게 하는 것을 말해요. 지구의 중력을 견딜 수 있는 속도를 가진 로켓만이 물체를 성공적으로 궤도에 올려놓을 수 있어요.

- 로켓의 임무는 매우 까다로워요. 왜냐하면 정확한 속도로 자기에게 맡겨진 물체를 궤도에 올려놓아야 하니까요. 인공위성은 낮은 속도로 쏘아 올리면 다시 떨어지고, 너무 높은 속도로 쏘아 올리면 우주 속으로 달아나 버려요. 알맞은 고도와 알맞은 속도로 올려져야만, 멈추지 않는 레일 위에 놓인 듯 인공위성이 돌게 된답니다. 인공위성들은 지구 상공에 층을 이루는 수많은 궤도에 놓여 있어요.

어떻게 인공위성을 하늘에 고정할까요?

우리가 보기에는 인공위성이 하늘에 고정되어 있는 것 같지만, 사실은 그렇지 않아요. 인공위성 역시 지구가 도는 속도와 똑같은 속도로 움직이고 있지요. 그럴 때 인공위성이 지구 정지궤도에 있다고 말해요. 어떤 아이가 회전목마를 탄 친구 옆에서 걷고 있다고 상상해 보세요. 만약 아이의 걷는 속도가 회전목마의 속도와 딱 맞는다면 아이는 계속 친구와 나란히 갈 수 있어요. 인공위성도 마찬가지예요.

왜 정지궤도에 있다고 말할까요?

인공위성이 지구 주위를 24시간 내에 돌고 있을 때 그것을 정지궤도에 있다고 말해요. 인공위성은 놓인 위치에 따라 지구를 도는 속도가 달라져요.

지구와 가까이 있을 때 인공위성은 더 빨리 돌아요.

어떻게 인공위성의 궤도를 결정할까요?

그것은 인공위성이 하는 일에 따라 달라져요. 정보 위성은 지구에 가까이 있기 위해 고도를 100km까지 조정해요. 국제우주정거장은 400km 상공에, 허블망원경은 600km 상공에, 관측 인공위성은 700~1,000km 상공에 위치하고 있지요. 그것

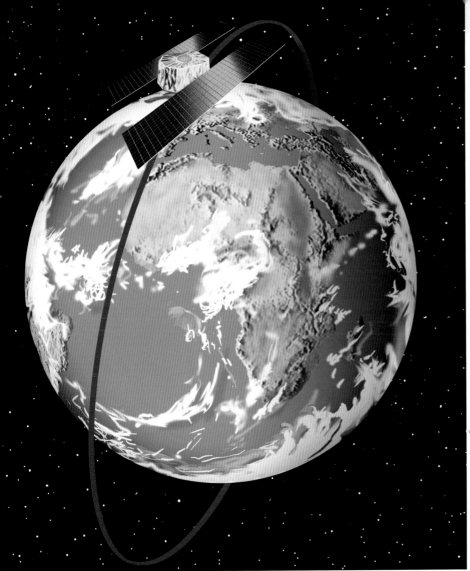

인공위성들은 임무에 따라 지구와 가까운 궤도에 있기도 하고 먼 궤도에 있기도 해요.

는 인공위성을 알맞은 궤도에 올려놓는 엔진을 다시 작동해야 하지요.

궤도에서 벗어나려면 어떻게 해야 할까요?

멈추게 하면 돼요. 그게 전부예요. 인공위성은 속도를 줄이면서 고도를 낮추어 대기권에 진입해요. 그러고 나면 착륙하는 일만 남지요.

은 모두 낮은 상공이라고 할 수 있어요. 위치를 측정하는 인공위성은 20,000km 상공에, 기상위성과 원거리통신 위성은 지구로부터 36,000km 상공에 위치하고 있답니다.

너무 빨리 지구로 떨어지기 때문이에요. 정찰 위성이 100km로 고도를 낮추는 것은 매우 어렵지만, 다시 올라가는 것은 더욱 어려워요. 그러기 위해서

왜 200km가 안 되는 상공에는 실제로 궤도가 존재하지 않을까요?

왜냐하면 지구의 대기층이 인공위성의 움직임을 방해하고,

어머나!

지구 밖 36,000km 상공에는 '묘지'라고 불리는 궤도가 존재해요. 지구 정지궤도를 돌다가 죽은 인공위성들을 보내는 곳이에요.

인공위성

- 1957년 소련이 발사한 세계 최초의 인공위성 스푸트니크 이후에 수많은 인공위성들이 우주로 쏘아 올려졌어요. 현재는 500개가 넘는 인공위성들이 우리 머리 위를 돌고 있지요. 대부분 수백, 수천 킬로그램 정도 무게가 나가요. 요즘은 아주 작지만(10㎏ 정도), 매우 똑똑한 엔진을 발명하기 위해 노력하고 있어요.

- 인공위성들은 우리의 일상생활에서 많은 부분을 차지하고 있어요. 인공위성 덕분에 우리는 지구상의 어느 곳에서든 전화 통화를 하고, 텔레비전을 볼 수 있지요. 그리고 배와 비행기, 버스가 어디에 있는지도 알 수 있어요.

더 이상 작동하지 않는 인공위성을 치우려면 어떻게 할까요?

사고를 당했든 낡아서 쓸모없어졌든 간에, 인공위성의 생존 기간은 정해져 있어요. 낮은 궤도에 있는 인공위성은 2년에서 5년 정도이고, 지구 정지 궤도에 있는 인공위성은 10년에서 15년이 생존 기간이에요. 낮은 궤도에 있는 인공위성들은 별똥별처럼 대기 중에서 분해되면서 사라지고, 높은 곳에 위치한 인공위성들은 계속 우주 공간을 떠돌아요. 그렇기 때문에 하늘에는 여러 곳으로부터 온 다양한 크기의 오래된 인공위성 수천 개의 잔재들이 존재한답니다.

어떻게 우주선과의 충돌을 피할 수 있을까요?

우주에서는 작은 충돌도 굉장히 위험해요. 만약 우주에서 아주 작은 씨앗을 초속 10㎞로 던진다면, 그것은 마치 공을 시속 100㎞로 던진 것 같은 위력을 지녀요. 그래서 충돌을 피하기 위해 인공위성은 정해진 궤도를 따라서 움직이고, 10㎝도 안 되는 모든 조각들을 감시하지요.

조심해!

어떻게 충돌로 인한 피해를 줄일 수 있을까요?

완충 장치를 사용할 수 있어요. 이 완충 장치는 두 겹으로 되어 있어서 하나가 망가져도 다른 한 겹이 막아 주고, 충격의 흡수성도 매우 뛰어나지요.

어떻게 인공위성을 만들까요?

인공위성을 만드는 일은 쉬운 일이 아니에요. 왜냐 하면 엔진이 수년 동안 우주 공간에서 견딜 수 있어야 할 뿐만 아니라 복사열과 엄청난 온도 차이, 그리고 이륙할 때 발생하는 진동을 견뎌야 하기 때문이에요. 간단히 말해서 모든 고난을 견뎌 내야 한다는 뜻이지요. 유럽의 인공위성들은 LSS라고 불리는 가상 우주 실험을 통과해야 해요. 이 가상 우주는 진공 상태로 우주에서 접하게 되는 복사(어떤 물체로부터 열이나 전자기파가 사방으로 방출되는 것)와 열을 내뿜어요. 가상 실험을 통과한 인공위성 후보는 우주를 날 수 있는 자격을 갖게 되지요.

왜 어떤 인공위성은 지구와 가까이 있고 어떤 것은 아주 멀리 떨어져 있을까요?

그것는 인공위성이 어떤 일을 하느냐에 달려 있어요. 인공위성은 높이 있을수록 더 넓은 곳을 볼 수 있어요. 원거리통신 인공위성은 지구의 아주 많은 부분을 관찰할 수 있지요. 36,000km 상공의 지구 정지궤도에 있는 인공위성은 거의 지구의 반 정도를 볼 수 있답니다. 반면에 낮은 궤도에 있는 인공위성은 단지 지구의 한 부분밖에 볼 수 없어요. 이런 위성들은 비밀 정보원 역할을 하는 위성으로 특정 지역을 자세히 감시할 때 사용하지요.

어머나!

● 인공위성을 준비하는 과정은 2년 이상 걸려요. 모든 단계는 탁월한 경력이 있는 사람들에 의해 정확하게 이루어지지요. 인공위성을 장착하는 과정이 가장 위험이 많은 단계에요.

인공위성은 어떻게 작동할까요?

모든 비행기가 자동차처럼 핸들과 컴퓨터와 석유 탱크를 가지고 있다는 점에서 비슷하다고 할 수 있어요. 인공위성도 마찬가지예요. 모든 인공위성은 필요한 장비들을 플랫폼이라고 부르는 평평한 곳에 배치해요. 임무 달성을 위해 인공위성에 실린 장비들이 제대로 움직이는지 점검하는 컴퓨터가 설치되어 있고, 지구와의 연락을 정확하게 실행하는 송신기와 수신기가 있어요. 또 전기 에너지를 분배하는 장치와 모터들이 있지요.

어떻게 전기를 인공위성으로 가져갈까요?

지구에서 인공위성까지 전기를 공급하는 엄청나게 긴 전선은 존재하지 않아요. 태양이 그 일을 대신하지요. 인공위성은 마지막 궤도에 도달하면, 필요한 에너지를 공급받기 위해 태양열을 흡수하는 커다란 판을 펼쳐 놓아요. 그러면 에너지가 건전지에 저장되고, 인공위성은 그 에너지로 지구에 도달할 때까지 계속 움직일 수 있지요. 임무를 모두 마치면, 건전지는 교체해 주어야 해요.

어떻게 태양이 전기를 공급할 수 있을까요?

태양열을 흡수하는 커다란 판은 태양으로부터 도달하는 에너지를 모아 전기로 변환해 사용할 수 있도록 만들어졌어요.

인공위성이 알맞은 위치에 있지 않을 때는 어떻게 할까요?

우주에서는 태양과 지구의 인력, 또 마찰력 때문에 갑자기 궤도를 바꿔야 하는 일이 늘 생겨요. 하지만 걱정할 필요는 없어요. 인공위성은 진공 상태인 우주에 홀로 던져진 것이 아니니까요. 송신기와 수신기가 있어서 지구에 있는 본부에서도 인공위성을 추적할 수 있어요. 궤도에 복귀하려면 지구 본부에서 일하는 기술자들이 규칙적으로 인공위성에 달린 작은 엔진을 활성화시키지요.

인공위성은 스스로 어디에 있는지 어떻게 알까요?

인공위성에는 위치를 담당하는 중심 제어 센터가 있어요. 이 중심부에 설치된 작은 기계와 감지기를 통해 태양과 항성

얼리 버드는 관찰과 지도 제작을 위해 미국에서 개발한 민간 지구 관측 인공위성이에요. 1997년 12월 24일에, 러시아의 스보보드니에서 발사되었어요.

우리나라는 어떻게 인공위성을 개발할까요?

1992년 우리별 1호를 시작으로 과학기술위성, 무궁화위성, 다목적 실용위성 등 10여 개의 인공위성을 발사했어요. 2009년 발사된 나로호는 '첫 한국형 우주발사체'라고 불리지요. 실패 원인을 보강하여 2010년 6월에 2차 발사를 준비하고 있어요. 현재 다목적 실용위성 3호, 다목적 실용위성 3A호, 다목적 실용위성 5호 등 3기의 위성이 개발되고 있어요.

들 또는 지구로부터 인공위성의 위치를 계산할 수 있어요.

어떻게 인공위성이 사람들을 도울 수 있을까요?

인공위성의 원거리통신을 이용하여 고립된 지역의 환자들을 찾아 도울 수 있어요. 그러기 위해서는 컴퓨터와 기록계, 디지털 카메라, 전자 온도계 같은 단순한 의료기구와 함께 GPS와 인공위성 단말기가 들어 있는 특별한 가방이 필요하지요. 이 특별한 가방을 옮기는 사람이 꼭 의사일 필요는 없어요. 환자에 관한 정보가 수집되기만 하면 그것을 인공위성으로 전달받아 의료 센터에서 일하는 의사가 처방을 내리면 되니까요. 그것이 바로 원거리통신 진료랍니다.

어머나!
우주에 있는 먼지들이 다 해로운 것은 아니에요. 과학자들은 특별한 기계가 설치된 인공위성을 이용하여 먼지들을 파괴하지 않고 채집할 수 있어요.

우주 탐사선

현재까지 인류는 모든 태양계를 여행할 수는 없어요. 그래서 우주를 탐사하기 위해 사람을 대신하여 우주 탐사선과 로봇을 보내지요. 이 커다란 로봇은 우주에서 여러 가지 과학적인 실험을 한 뒤에 송신기를 통해 지구로 정보를 보내요.

태양과 대부분의 행성은 우주 탐사선에 의해 이미 잘 알려져 있어요. 우주 탐사선들은 목표 행성을 좀 더 잘 연구하기 위해 알맞은 궤도에 놓이지요. 때로는 다른 우주 탐사선이나 접근 가능한 로봇을 운반하기도 해요.

왜 우주에 탐사선을 보낼까요?

태양계를 더 잘 알기 위해서예요. 우주 탐사선 덕분에 우리는 행성들이 어떻게 생겼는지, 표면은 무엇으로 이루어져 있는지, 그리고 행성의 대기 밀도와 온도 등을 알 수 있게 되었어요. 1959년 러시아의 우주 탐사선 루나 3호가 그때까지 알려지지 않은 달의 표면을 밝혀냈지요. 또 러시아의 우주 탐사선 베네라 4호는 우리가 상상하던 천국의 모습이 아니라 오히려 지옥과 비슷한 금성의 실체를 밝혀냈답니다.

어떻게 우주 탐사선이 다시 지구로 돌아올까요?

현재까지 우주 탐사선은 돌아온 것이 없어요. 대부분은 태양계를 떠나면서 임무가 끝나지요. 언젠가 우주 탐사선은 외계인들에게 지구를 대표할 외교관 역할을 할지도 몰라요. 그런 가능성 때문에 우주 탐사선에는 지구를 소개하는 메시지와 소리와 음악이 보관되어 있고, 알루미늄 표면에 여자와 남자 그림을 새겨 놓았어요.

어떻게 패스파인더 우주 탐사선이 화성에 착륙했을까요?

그것은 공기 쿠션 덕분이에요! 패스파인더 무인 화성 탐사선은 두 개의 발사대를 펼쳐 여섯 개의 바퀴가 달린 작은 탐사 로봇인 소저너를 내보냈어요. 소저너 로봇은 화성의 표면을 탐사하면서 여러 종류의 지질과 암석의 화학 성분 물질을 분석하고 표본을 추출하여 사진을 찍어서 지구로 보내 왔어요.

소저너 로봇은 화성 표면의 장애물들을 어떻게 피할까요?

소저너는 장애물을 보고 피해 갈 수 있을 만큼 똑똑한 로봇이에요. 심지어 이 작은 로봇은 필요하다면 바퀴를 번쩍 들어 올릴 수도 있어요.

소저너는 가방보다도 크지 않은 작은 로봇이에요. 이 로봇은 일 분에 대략 40cm쯤 전진할 수 있어요.

우주 센터의 담당자가 소저너 탐사 로봇이 붉은 행성인 화성에 성공적으로 착륙했다고 선언했지요.

소저너 로봇이 화성에 무사히 도착했는지 어떻게 알 수 있을까요?

착륙에 성공한 뒤 소저너 로봇은 지구를 향해 무선 신호를 보내왔어요. 그 신호를 들은

어머나!

2008년에 화성에서 채취한 암석들을 조사했어요. '화성 표본의 귀환'이라는 이름으로 프랑스국립우주연구센터(CNES)와 미국항공우주국(NASA)이 공동으로 조사에 참여했지요.

유럽우주기구(ESA)는 왜 티탄으로 탐사선을 보냈을까요?

티탄은 토성의 가장 크고 불가 사의한 위성이에요. ESA는 티탄의 대기에 무엇이 숨겨져 있는지 조사하려고 호이겐스 탐사선을 보냈어요. 아마도 이 방법으로 지구의 기원을 알 수 있을지도 몰라요. 티탄은 태양 계에서 유일하게 지구와 대기 구성 물질이 비슷하고 대기층 밀도가 높은 위성이에요.

호이겐스 우주 탐사선은 티탄까지 가기 위해 어떻게 했을까요?

카시니-호이겐스 호는 미국과 유럽의 공동 토성 탐사선으로 두 부분으로 나눌 수 있어요. 1997년부터 호이겐스 호는 미 국의 카시니 호의 둘레를 돌았 어요. 그러다가 2004년에 호 이겐스 호가 모선에서 분리되 어 토성 궤도에 진입했지요. 티 탄의 대기를 통과할 때는 보호 장치가 우주 탐사선을 보호했 어요. 그런 다음 보호 장치를 떼고 낙하산을 이용해서 속도 를 줄였지요. 우주 탐사선은 2 시간 30분가량 티탄의 대기를 조사했어요. 티탄의 표면이 고 체인지 액체인지 모르기 때문 에 호이겐스 탐사선은 두 가지 가능성을 모두 대비했지요.

왜 혜성을 조사하기 위해 우주 탐사선을 보낼까요?

과학자들에 따르면, 지구와 다 른 행성들에 없는 물질을 가진 혜성을 연구하기 위해서예요. 1986년에 우주 탐사선 지오토 가 핼리 혜성을 마주쳐 지나갔 고, 2003년에는 로제타 호가 비르타넨 혜성 쪽으로 출발했 어요. 8년이 지나면 이 우주 탐사선은 혜성 중심과 가까운 궤도에 놓이고, 혜성 표면의 표본을 추출할 작은 로봇을 떨 어뜨릴 거예요.

왜 기구를 이용할까요?

인공위성을 이용할 수 없을 때 는 큰 풍선형 탐사 기구를 사 용해요. 사실 10~45km 정도 의 아주 낮은 고도에서는 탐사 기구를 대체할 만한 더 좋은 방법이 없지요. 그리고 탐사 기구를 띄우는 것이 인공위성 을 발사하는 것보다 비용이 훨 씬 덜 들어요.

왜 기구들은 모두 다를까요?

몇 세제곱미터의 부피밖에 되 지 않는 작은 기구에서 백만 세제곱미터에 이르는 큰 기구 까지 있어요. 맡겨진 임무에 따라 크기가 결정되지요! 비행 시간은 몇 시간에서 몇 주까지 다양하고, 짐의 무게도 몇 킬 로그램에서 몇천 킬로그램까 지 실을 수 있어요.

기구를 되찾으려면 어떻게 해야 할까요?

기구에 설치된 과학 장비를 되찾으려면 풍선을 풀어 버리고 좌석 부분에 달린 낙하산을 펼쳐요. 물론 바람의 속도와 방향을 측정해서 기구가 어느 방향으로 갈지 알아보는 작업도 동시에 이루어지지요.

기구가 날아오르려면 어떻게 해야 할까요?

기구는 공기보다 가벼운 가스를 주입해야 날아오를 수 있어요. 기구는 밑에 달린 의자처럼 생긴 좌석을 끌면서 이륙하지요.

어떻게 기구를 운전할까요?

원칙적으로 기구는 운전하지 않아요. 바람을 타고 날아가지요. 그렇지만 어떤 경우에는 원격 조정에 의해 기구의 상승과

풍선은 공기보다 가벼운 수소와 헬륨 가스로 채워진답니다.

하강을 조종할 수 있어요. 기구를 상승시키기 위해서는 추를 내려놓아야 하고, 하강시키려면 기구 덮개 꼭대기에 있는 구멍을 열어 가스를 내보내야 해요.

어머나!

어떤 기구들은 라텍스 재질로 만들어요. 기구는 고도에 따른 기압의 차이로 인해 부풀고, 30km 고도에 이르면 거대한 껌이 터지듯 끝나요.

우주인의 생활

우주비행사들은 어떻게 우주선 밖에서 일할까요?

우주복을 입고 우주 공간에서 일하는 우주비행사들은 등산가와 비슷해요. 그들은 움직일 때 위험하지 않도록 장비들을 준비하지요. 우주선의 외부 벽면에 손잡이가 달려 있고 더 안전하게 하기 위해 비행사와 우주선을 줄로 연결해요. 미국의 우주선과 우주정거장에서는 원격 조정 장치로 우주비행사가 좀 더 쉽게 움직이고 섬세한 조작을 할 수 있도록 해놓았어요.

- 아직까지 보통 사람들은 우주를 여행할 수 없어요. 현재 우주로 떠나는 사람들은 모두 일하기 위해 가지요. 그들의 하루 일과는 아주 엄격한 시간표에 따라 움직여요. 동물과 식물, 그리고 인간에 관한 다양한 종류의 과학적인 실험들이 우주선 안에서 이루어지고 있어요.

- 전세계의 기업들과 대학들이 원하는 실험을 우주비행사들에게 맡겨서 진행해요. 우주비행사들은 우주선 밖에서도 일하곤 하지요. 위험성이 높은 일을 할 때는 철저한 감시가 뒤따라요. 우주비행사들은 우주왕복선의 외부를 조사하거나 우주 진공 공간에 대한 실험을 하기도 하며 고장 난 인공위성을 모으고 고치는 일도 한답니다.

왜 우주비행사들은 움직일 때 의자를 이용할까요?

팔걸이 의자처럼 생긴 비행의자(MMU)에는 가스가 압축된 24개의 모터가 장착되어 있어 우주비행사가 우주선과 연결된 줄이 없어도 100m 정도 이동할 수 있도록 해 주어요. 이러한 방법으로 우주비행사들은 우주선과 떨어진 우주 물체에 자유롭게 다가갈 수 있고, 필요할 때는 그것을 채취해 가져오기도 해요.

어떻게 우주비행사들이 모든 실험을 할 수 있을까요?

우주비행사들이 일을 많이 하는 것은 사실이에요. 하지만 그들이 직접 실험을 계획하지

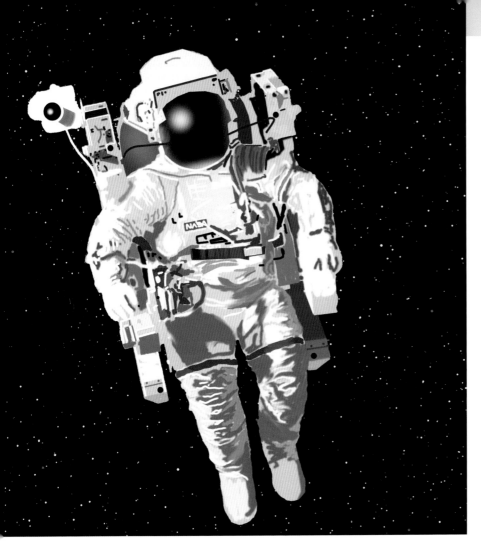

우주비행사는 비행의자 손잡이 부분에 달린 핸들로 조종할 수 있어요.

기계 장치들이 달려 있어요. 전도체가 그들의 심장박동을 조사하고 공기 분석 장치를 통해 호흡을 감시하지요. 신호가 약해지면 비행사들은 우주선으로 돌아와야 해요.

어떻게 우주비행사는 우주선과 통신할 수 있을까요?

우주비행사가 멘 가방에 달린 안테나 덕분이에요. 그 가방에는 우주복 안의 공기와 온도를 조절하는 기계도 들어 있어요.

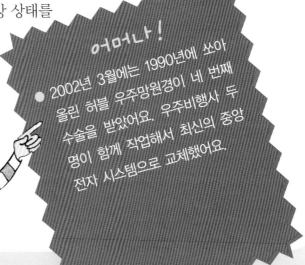

는 않아요. 비행사들은 임무에 앞서 철저하게 긴 준비 기간을 가져요. 그동안 기술자들과 기업에 속한 과학자들, 대학과 연구기관들, 우주 관련 기관들이 임무를 실행할 우주비행사들을 엄격하게 교육하지요.

우주 공간에서 일하는 비행사들의 건강을 어떻게 돌볼까요?

사실 우주비행사를 감독 없이 우주 공간으로 내보내는 일은 있을 수 없어요. 그래서 우주비행사의 몸에는 건강 상태를 알 수 있도록

어머나!

2002년 3월에는 1990년에 쏘아 올린 허블 우주망원경이 네 번째 수술을 받았어요. 우주비행사 두 명이 함께 작업해서 최신의 중앙 전자 시스템으로 교체했어요.

우주 센터

우주
프로그램

지구에는 많은 우주 센터가 있어요. 캐나다, 프랑스, 일본, 러시아, 미국, 이탈리아, 독일, 영국 등……. 우주 센터는 미국과 러시아가 우주에 최초로 도착하기 위해 서로 경쟁하던 시절에 만들어졌어요.

요즘에는 대부분 국제우주정거장에서처럼 함께 일하고 있어요. 어떤 우주 센터는 대재앙이 일어날 경우 협력하여 일하기로 서류에 사인했어요.

왜 우주 센터를 만들까요?

여러 기관이 결정에 참여하면 우주 계획이 늦어질 수 있어요. 우주 센터는 결정을 내리는 유일한 기관으로 모든 의견을 중앙집권화하여 신속하게 처리하지요. 미국에서는 항공우주센터(NASA)가 생기기 전 공군, 육군, 해군 모두가 우주 정책에 참여하고 싶어했어요. 그런 경쟁이 우주 계획을 지연시켰지요. 1958년 NASA가 만들어지자, 굉장한 우주 계획이 세워졌어요.

우주 공간에서 갈등이 생기면 어떻게 할까요?

1967년부터 우주에서 일어나는 분쟁을 해결하는 국제법이 생겼어요. 다행히도 여러 나라가 우주에서는 서로 사이좋게 지낸답니다! 한 나라가 어떤 행성을 소유하기로 결정했다고 상상해 보세요. 맞아요, 그건 핵무기를 가지면 안 되는 것처럼 불법이에요! 우주 공간에서의 일들은 각 나라의 경제적인 발전 수준과 상관없이 모두의 번영과 이익을 위해야 하지요.

재앙이 일어났을 때 어떻게 우주 센터가 도움을 줄 수 있을까요?

다양한 인공위성들 덕분에 우주 센터는 재앙에 대비할 정보를 제공하고, 그에 따라 위급한 활동들을 미리 준비할 수 있어요. 태풍이 올 경우를 생각해 보세요. 단 몇 시간 안에 원거리통신 위성과 갈릴레오 같은 위치측정 위성이 서로 협

각 나라의 능력을 합하면 큰 힘을 지니게 되리라는 사실을 정치인들보다 먼저 알아차고는 1950년대부터 공동작업을 추진했어요. 1962년에 우주선 발사를 위한 첫 단체인 ESRO가 만들어졌고, 로켓의 발전을 위한 단체 ELDO도 만들어졌지요. 이 두 단체가 ESA의 시초가 되었어요. ESA 덕분에 현재 유럽은 미국, 러시아와 동등한 힘을 가지게 되었답니다.

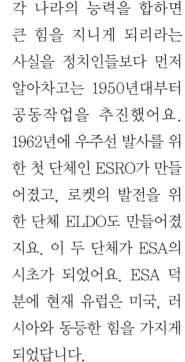

ESA는 이탈리아에 설립되어 있어요. 인공위성이 얻은 정보를 처리하는 곳도 바로 이곳이에요.

왜 여러 나라들이 유럽우주기구로 모였을까요?

1975년에 유럽우주기구(ESA)가 만들어졌을 때 유럽은 미국과 소련이 앞서 진행해 놓은 성과들을 따라잡아야 했어요. 과학자들은

조하면서 위험에 대해 미리 알려 주지요.

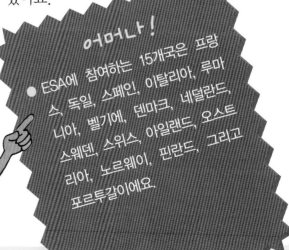

어머나 !

● ESA에 참여하는 15개국은 프랑스, 독일, 스페인, 이탈리아, 루마니아, 벨기에, 덴마크, 네덜란드, 스웨덴, 스위스, 아일랜드, 오스트리아, 노르웨이, 핀란드, 그리고 포르투갈이에요.

지구의 기반 시설

우주 탐사는 여러 관련 산업을 탄생시켰어요. 유럽의 경우, 직접적으로 우주 산업 분야에 종사하며 일하는 사람이 4만 명 정도이고, 관련 산업에서는 25만 명가량 일하고 있어요.

우주선과 인공위성을 만들고, 그것을 우주로 보내는 것만으로는 충분하지 않아요. 그보다 먼저 인공위성을 필요로 하는 손님을 찾아야 하고, 일단 우주선이 발사되면 지구에서 그것을 조작할 시스템을 갖추어야 하지요. 지구 본부에서는 추적 기구를 통해 계속 인공위성들을 따라다녀야 해요. 우주선은 우주를 여행하는 동안 모은 정보를 지구로 보내온답니다.

왜 아리안 호의 발사 기지는 유럽이 아니라 기아나일까요?

사실 로켓과 인공위성을 남아메리카의 기아나로 옮기는 것은 실용적이지는 않아요. 하지만 적도와 가장 가깝기 때문에 최적의 위치라고 여겨지지요. 프랑스령인 기아나의 쿠루 기지는 정지궤도에 올릴 인공위성을 발사할 때 특히 유리해요. 왜냐하면 그 위치가 로켓을 발사할 때 지구의 자전 속도를 이용할 수 있고, 짐을 10%나 더 실을 수 있기 때문이에요. 쿠루 기지는 위험 없이 로켓을 발사할 수 있는 아주 적합한 장소예요.

발사 기지는 어떻게 정해질까요?

위험한 일은 인구가 적은 지역에서 시도하는 것이 더 나아요. 쿠루 기지가 바로 그런 곳이에요. 쿠루는 대서양의 가장자리에 위치해 있어요. 러시아의 바이코누르 우주기지는 카자흐스탄의 대초원에 위치해 있고요. 미국의 플로리다에 있는 케이프커내버럴 기지는 대서양 동쪽으로 발사할 때 이용하고, 캘리포니아에 있는 반덴버그 기지는 태평양 위 북쪽으로 발사할 때 이용해요.

우주 발사 계획은 어떻게 결정할까요?

ESA의 경우에는 기술자들과 과학자들이 오랜 기간 동안 새로운 계획을 준비해요. 그런 다음 장관과 공무원 혹은 각 국의 전문 기술자들이 파리에 있는 본부에 모두 모여 ESA 소장과 보좌관들과 함께 마지막으로 결정을 내리는 회의를 열지요. 모든 사람이 동

들을 수도 없어요. 하늘과 대화하기 위해서뿐만 아니라 인공위성을 조정하고 지시를 내리기 위해서도 안테나는 꼭 필요해요.

왜 집에도 안테나가 설치되어 있을까요?

안테나가 텔레비전과 인공위성 사이의 중계자 역할을 하여 전세계의 텔레비전 채널을 볼 수 있게 하기 때문이에요.

지상의 우주 센터는 인공위성을 관리하고, 정보를 수집하는 일을 해요.

의하면 우주 발사 계획은 실현된답니다.

왜 지상에 있는 안테나는 그렇게 큰 귀를 가지고 있을까요?

하늘에서 나는 소리를 더 잘 듣기 위해서예요! 큰 귀가 없다면, 전세계 사람들이 같은 텔레비전 프로그램을 볼 수도, 라디오를

어머나!

● 우주 로켓 발사 기지의 크기는 정말 엄청나요. 기아나의 쿠루 기지는 50km나 뻗어 있고, 면적은 850km²나 되지요.

우주와 관련된 직업들

우주비행사와 관련된 직업은 매우 많아요. 지상에서 실험하는 기술자도 있고, 주물 제조 기술자와 물리학자, 생물학자, 항공 전자공학자 들까지 포함하지요.

프랑스의 예를 들면, 약 10만 명이 항공과 우주 산업 분야에서 일하고 있으며, 그 밖에도 10여만 명이 관련 회사에서 일하고 있어요. 그들은 매우 다양한 분야의 출신으로 경영, 전자, 기계 부문 등에서 일을 하지요.

왜 이렇게 많은 사람들이 우주와 관련된 일을 할까요?

로켓을 만드는 일은 여러 분야의 기술자를 필요로 하기 때문이에요. 전문가들은 먼저 사람들의 요구 사항에 따라 어떤 로켓을 만들지 연구하지요. 항공역학 전문가들은 추진을 잘하기 위해 날씬한 로켓을 만들려고 노력해요. 가장 중요한 것은 엔진인데, 구조와 제작을 책임지는 기술자들은 간단하고 튼튼한 로켓을 만들려고 하지요. 그리고 인공위성의 상품화와 관련된 일을 하는 사람들은 거대한 우주 센터에서의 활동을 모두 알아야 해요.

주물 제조 기술자들은 어떻게 로켓을 만들까요?

주물 제조 기술자라고 해서 꼭 냄비를 만들 필요는 없어요! 로켓을 만드는 주물 제조 기술자의 가장 중요한 일은 재료들을 잘라서 특정한 형태로 만들어 내는 것이에요. 그런 다음 조립하지요. 주물 제조 기술자는 로켓 제조에 관한 도면을 그리고, 그다음에 원하는 로켓을 만들기 위해 재료와 조각들을 잘라요.

아얏…!

어떻게 우주비행사가 될 수 있을까요?

우주비행사가 되는 과정은 길고 힘들어요. 먼저 수학과 물리학을 필수적으로 잘해야 해요. 대학 입학 자격 시험과 학교에 따라서 통과해야 하는 자

다음 연구원이 되려면 입사 원서를 내야 해요. 간단히 말해서 우주에서 보내는 시간보다 공부하며 보내는 시간이 더 길다고 할 수 있어요!

우주 산업 분야에는 우주 공간에서 일하는 사람만 있는 것이 아니라 다른 많은 직업들이 있어요.

격들이 있어요. 프랑스의 경우에는 우선 높은 수준의 고등 수학을 배우는 학교에 입학하기 위한 준비반에 들어가야 해요. 좋은 학교에 가기 위해서는 선발 시험을 통과해야 하지요. 만약 대학에 가기로 결정했다면, 수학이나 물리학을 전

공하고 석사 학위도 받아야 해요. 그리고 더 깊이 연구하는 박사 학위 연구 과정을 거쳐야 하지요. 마지막으로 실험실에서 박사 학위 논문을 끝마친

어머나!
미르 우주정거장은 일본의 메추라기 알 48개가 부화하는 장소가 되어 주었어요! 생물학자들에게 우주에서의 첫 번째 메추라기의 탄생은 정말 굉장한 순간이었을 거예요.

89

왜 단 한 명의
지질학자만
달로 갔을까요?

해리슨 슈미트 이전에는 어떤 과학자도 달에 가지 못했어요. 왜냐하면 모두 수습이었기 때문이에요. 아폴로 17호의 마지막 임무 수행 중에 달의 표면에서 표본을 채취하는 작업이 전문가에 의해 이루어졌어요. 달에서의 3일 동안 지질학자는 100kg의 먼지와 암석을 가져오기 위해 지프차를 타고 달리면서 모두 22시간에 걸쳐 세 번 달을 탐험했어요.

왜 기상학자들이
필요할까요?

대기 현상과 관련한 연구를 통해 하늘의 기질을 알고 날씨를 예상하기 위해서예요. 그러한 연구는 비행 산업과 농업, 어업 같은 분야에서 매우 유용하게 사용되지요. 기상학자들은 또한 대기의 오염을 조사하는 일도 해요.

기상학자들은 어떻게
날씨를 예상할까요?

기상학자들은 온도와 공기 중의 습도와 바람의 방향과 힘을 측정하는 매우 정밀한 설비의 도움으로 날씨를 예상해요. 또한 기상 관측 인공위성이 측정한 자료를 바탕으로 날씨를 예측하지요.

어떻게 해야 기상학자가
될 수 있을까요?

대학의 지구과학과나 천문기상학과에 들어가 공부해야 하지요. 그리고 나면 국립천문대나 기상대, 기상연구소에서 일할 수 있어요. 그리고 대학이나 연구소에서 강의나 연구를 계속할 수도 있지요.

왜 생물학자들이
우주와 관련한 일을
할까요?

다양한 실험들이 우주 공간에 있는 실험실에서 이루어지기 때문이에요. 인체의 기관과 세포들이 무중력 상태에서 어떻게 반응하는지도 연구하고, 노화와 근육이 분해되는 것도 연구하지요. 심지어 귀리와 콩을 심기도 한답니다.

어떻게 해야
기구 제작자가
될 수 있을까요?

기구 제작자가 되려면 프랑스나 미국에서 사는 것이 유리해요. 왜냐하면 그 두 나라가 유일하게 기구에 관한 과학적인 프로그램을 가지고 있기 때문

우주비행사들은 정비사이기도 해요. 왜냐하면 그들은 우주선을 수리하고 우주정거장의 부품들을 조립할 수 있기 때문이에요. 그리고 국제우주정거장에서 일하기도 해요.

빠뜨리지 않고 커다란 기구를 수거할 수 있어요. 반면에 인구 밀도가 높은 프랑스에서는 작은 기구를 사용하는 것이 더 적합해요.

이에요. 성층권을 탐사하기 위해 기구를 쏘아 올리는 방법을 가르치는 학교는 없어요. 스스로 배워서 해야 하는 일이에요.

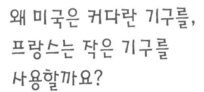

왜 미국은 커다란 기구를, 프랑스는 작은 기구를 사용할까요?

미국은 인구 밀도가 낮은 넓은 땅이 많아서 사람들을 위험에

어머나!
프랑스의 스트라스부르에는 우주 발전에 대해 공부하고 연구하는 국제적인 대학교가 있어요.

91

우주비행사

어떻게 우주비행사가 될 수 있을까요?

우주 탐사 초기에는 우주비행사들이 모두 비행기 조종사들이었어요. 그들은 신체적인 조건뿐 아니라 모든 시험 단계를 통과해야 했지요. 그 뒤로는 우주비행사를 선발하는 기준이 달라졌어요. 물론 신체적으로나 정신적으로 굉장히 좋은 상태를 유지해야 하지만, 과학자나 기술자로 일하는 우주비행사들은 한 분야에만 전문가가 아니라, 다양한 분야를 두루 알아야 하며 탁월한 적응력을 갖추어야 하지요. 우주의 모든 곳에 특정 전문가를 보낼 수 없기 때문에 한 사람이 여러 분야의 일을 할 줄 알아야 한답니다.

모든 사람이 우주비행사가 될 수는 없어요.

모든 사람이 우주비행사가 될 수는 없어요. 우주비행사는 전 세계에서 선발하지요. 가장 우수한 우주비행사로 뽑힌 사람은 러시아의 소유스 호나 미국의 우주선에 탑승할 수 있어요.

따라서 임무를 수행할 때는 러시아어나 영어를 사용해요. 우주비행사가 되고 싶은 사람은 무중력 상태에서 생활할 수 있도록 철저한 준비 과정을 거쳐요. 무중력 상태에서는 단순한 일상생활조차 전혀 다르거든요. 우주비행사의 신체 조직은 중력의 부재를 견뎌 내야만 해요. 예를 들어, 무중력 상태에서는 몸속의 수분이 아래로 가지 않고 머리 쪽으로 올라가지요. 그래서 우주여행 초기에 우주비행사들은 머리가 커졌다고 말하기도 했어요.

우주비행사들은 어떻게 선발할까요?

우주비행사의 선발 기준은 매우 엄격해요. 의사와 심리학자들이 첫 번째 테스트에서 성공한 몇 안 되는 사람들을 뽑아요. 선발된 후보들은 우주와 관련한 모든 활동 분야의 교육을 받게 되지요. 또한 실제 우주정거장 크기의 모형에서 훈련을 받아요.

우주비행사는 어떻게 훈련할까요?

우주비행사는 공중에 떠 있는 의자에 앉아 달 표면을 걷는 법을 배우고, 무중력 상태에 철저하게 대비해요. 그리고 낙

왜 쿨부토(Culbuto) 의자를 사용할까요?

그것은 우주비행사들이 이륙과 착륙할 때 받는 압력을 견딜 수 있도록 하기 위해서예요. 의자에는 두 개의 바퀴가 달려 있는데, 바퀴들은 서로 반대 방향으로 돌아요. 그 바퀴들이 돌아가면서 우주비행사가 움직일 수 있지요. 우주비행의 영광을 얻으려면 의자가 뱅글뱅글 돌아가는 동안에도 일할 수 있는 법을 배워야 해요. 그뿐 아니라 어지러움을 견뎌 내야 하지요.

하산을 다루는 법과 바다나 사막, 정글에 떨어졌을 때 생존하는 법을 배우지요. 우주에서 일어나는 일들에 대비하기 위해 실제 크기의 우주선을 타고 물속에서 훈련을 받아요. 독일 쾰른에 있는 유럽 우주비행사 센터에서는 16명의 우주비행사들이 교육을 받고 있어요. 머지않아 국제우주정거장에서 일하게 될 모든 우주비행사들은 국적에 상관없이 ESA에서

무중력 상태에서 일할 수 있도록 준비하기 위해 우주비행사들은 거대한 수영장 안에서 훈련을 받아요.

선발되어 이곳에서 교육을 받을 거예요.

어머나!
우주비행사는 숨을 들이쉴 때 산소를 소비하고 내쉴 때 이산화탄소를 내보내요. 만약 우주선의 공기가 새로 바뀌지 않는다면 우주비행사는 질식하고 말 거예요.

93

왜 어떤 우주비행사는 우주에서 아플까요?

사람들 중에는 바다에서 아픈 사람도 있고, 우주에서 아픈 사람도 있어요. 우주에서 하루를 보낸 첫 번째 우주인 게르만 티토프는 우주비행사가 되는 것을 포기해야만 했어요. 그의 병은 무중력 상태에서 일어나는 현기증이었지요. 진공 상태에서만 그런 것이 아니라 자주 어지럼증을 호소했어요. 사람의 몸은 어느 정도의 중력에서는 살 수 있어요. 귀 속에는 우리 몸의 위치에 관한 정보를 뇌로 보내고 평형을 유지하는 전정기관이 있는데, 무중력 상태에서는 이 기관이 제대로 작동하지 않아서 이상한 정보를 뇌에 전달하지요. 그 때문에 우주에서 어지러움을 느낄 수도 있고, 심장이 아프거

나 토하고 싶을 수도 있어요. 하지만 며칠만 지나면 좀 나아진답니다!

왜 우주로 갈 때는 우주복을 입을까요?

우주로부터의 위험과 온도 변화, 작은 운석과의 충돌, 산소 부족 등으로부터 우주비행사를 보호하기 위해 반드시 우주복을 입어야 해요. 우주 여행의 초기 단계에 우주비행사들은 식사를 하거나 잠을 잘 때, 심지어 화장실에 갈 때도 절대로 우주복을 벗지 않았어요. 우주복은 비행사들의 첫 번째 집인 셈이었지요.

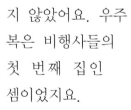

왜 우주비행사들은 근육을 유지해야 할까요?

무중력 상태에서는 몸이 깃털처럼 가볍기 때문에 둥둥 떠다닐 수 있어요. 그러면 근육이 둔화되고 허약해진답니다.

왜 우주에서는 뼈가 더 빨리 늙을까요?

사람의 몸은 중력이 없는 상태에서는 제대로 움직이지 않아요! 근육처럼 뼈들도 움직임이 없기 때문에 둔화되지요. 또 자극이 없어서 뼈의 칼슘도 없어져요. 우주비행사는 한 달에 1%의 칼슘을 잃어버린대요. 정말 너무하지 않아요?

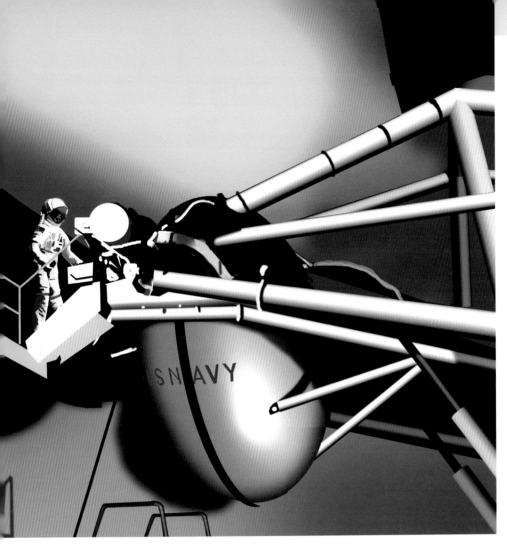

우주 연구와 신기술 담당 장관으로 임명되었지요. 우리나라에도 2008년 4월에 최초의 우주인이 탄생했어요. 누구인지 알고 있지요?

우주비행사들은 지구로 돌아오면 어떻게 할까요?

움직이는 법을 다시 배워요. 만약 우주에서 보낸 시간이 매우 길었다면 더 많은 노력이 필요하지요. 몸이 원래 상태로 돌아오려면 몇 주간 재교육을 받아야 해요.

이 기계는 매우 빨리 돌아요. 우주 비행사들이 이륙하고 착륙할 때 견딜 수 있는지 알아보는 기계예요. 만약 이 과정을 견뎌 내지 못하면 우주로 떠날 수 없어요.

왜 우주비행사는 여자보다 남자가 더 많을까요?

사실 남자든 여자든 누구나 우주비행사가 될 수 있어요. 그런데 이런 과학적인 직업을 선택하는 소녀들은 별로 많지 않아요. 현재 ESA에는 오직 한 명의 여성 우주비행사가 있어요.

그 여성은 누구일까요?

프랑스의 여류 우주비행사인 클로드 에네레예요. 그녀는 1996년에는 미르 우주정거장에서, 2001년에는 국제우주정거장에서 우주비행사로서 임무를 수행했어요. 2002년에는

어머나!

- 무중력 상태를 실험하기 위해 우주비행사들은 고도 7,300m에서 10,600m까지 오락내리락하는, 즉 자유낙하하는 비행기 안에서 30여 초 동안 똑바로 걸을 수 있어야 해요. 하늘에 떠 있는 지독한 감옥이라고 할 수 있어요!

우주인의 일상생활

지구에서 보면, 무중력 상태에서의 생활은 사실과는 아주 다르게 단순하고 차분해 보여요. 하지만 무중력 상태에서의 모든 행동과 몸짓은 특별한 주의를 필요로 해요. 물을 아껴 써야 하기 때문에 오랫동안 샤워를 할 수 없고, 정성 들인 요리는 꿈조차 꿀 수 없어요. 밤에 잘 때도 베개를 벨 수 없고요. 대신에 빨아들이는 화장실과 수분을 제거한 음식과 평평한 바닥으로 된 침대가 있을 뿐이에요.

지구에서는 별로 중요하지 않은 행동들이 우주비행사들의 삶을 편리하게 하기 위해서 오랫동안 연구되었어요. 그러한 작은 발명품들이 없었다면 우주에서 생활하는 것은 아마 악몽 같았을 거예요.

우주에서는 어떻게 먹을까요?

무중력 상태에서는 벨크로라는 접착 밴드로 그릇을 무릎에 고정하지 않으면 공중에 둥둥 떠다녀요. 음식도 포장되어 있지 않으면 마찬가지예요. 우주 비행사들이 식사를 하기 위해서는 음식물을 천천히 입까지 가져가야 해요. 그렇지 않으면 포크로 찍은 음식이 벽으로 돌진해 버릴 거예요. 가루로 된 음식을 좋아하는 사람은 지구로 돌아와야 먹을 수 있어요.

어떻게 음식물을 저장할까요?

우주에서 음식을 저장하는 것은 그리 어려운 일이 아니에요. 또한 통조림 형태로 포장되어 있어서 많은 공간이 필요하지도 않지요. 음식은 지구에서 준비되어 우주선에 실려요. 어떤 것은 인스턴트이고, 어떤 것은 냉동식품이거나 수분을 제거한 음식들이지요. 그래서 때에 따라 음식을 데우거나 물을 부어 먹어야 해요. 고기를 보존하기 위해서는 이온을 방사하는 방법으로 살균하지요. 얼려 놓은 신선한 음식은 우주선에서의 생활 초기 단계에 먹어야 해요.

어떻게 우주정거장에서 오랜 기간 동안 식량을 공급받을 수 있을까요?

식량 보급 우주선이 신선한 식품을 배달해 주어요. 이 우주선은 우주정거장에서 받은 실험 결과물을 지구로 가져가는 역할도 하지요. 2004년부터 ESA에서 만든 ATV 우주선이

우주비행사들은 어떻게 식사 메뉴를 선택할까요?

국제우주정거장에는 여러 국적을 가진 우주비행사들을 만족시키기 위해 다양한 음식이 준비되어 있어요. 마카로니 치즈, 쇠고기 요리, 멕시코식 달걀 요리, 크림 스파게티 등 원하는 것을 선택하여 먹을 수 있지요. 우주비행사들은 우주로 출발하기 전에 미리 음식을 맛보고 메뉴를 주문할 수도 있어요! 우리나라의 한국원자력연구소에서도 우주 김치와 우주 라면 등 우주 음식을 개발했어요.

거대한 통처럼 생긴 식량 보급 우주선인 ATV가 국제우주정거장으로 보낼 식량을 싣고 있어요.

국제우주정거장에 식량을 공급하고 있어요.

왜 우주정거장에는 수평 잡는 발이 그렇게 많을까요?

작업장을 고정하기 위해서는 많은 발이 필요하답니다.

어머나!

2001년 미국, 러시아, 캐나다, 이탈리아, 프랑스 등 여러 나라의 우주비행사들이 함께 우주로 떠났어요.

청소는 어떻게 할까요?

우주비행사들은 청소를 매우 잘해요! 우주선을 깨끗이 닦으려면 러시아에서 특별히 만든 우주선 전용 청소용품인 수건을 사용하거나 일반 상점에서 파는 작은 수건을 사용할 수 있어요.

는 흡입기가 달려 있는 것 말이에요.

이는 어떻게 닦을까요?

우주에서도 지구에서처럼 칫솔과 치약을 사용하여 이를 닦을 수 있어요. 그렇지만 치약은 거품이 일지 않는 것을 사용하지요. 치약은 먹어도 되고 세면대에 뱉기도 해요. 양치질 하는 또 다른 방법은 치약이 스며 있는 위생 장갑으로 이를 문지르는 거예요.

어떻게 글씨를 쓸까요?

우주에서 사용하도록 만들어진 볼펜이 있어요. 요즘은 상점에서도 판매하지요. 지구에서는 잉크가 저절로 나오지만, 우주에서는 잉크를 밀어내는 장치가 필요해요.

어떻게 음료수를 마실까요?

우주정거장에서는 음료수를 컵에 따라 마시는 것은 상상할 수도 없어요. 음료수는 완전히 밀폐된 봉지에 들어 있지요. 음료수가 다시 봉지 속으로 빨려들어가지 않게 하는 빨대를 사용해서 마신답니다.

잠자기 위해서는 어떻게 할까요?

포근한 잠자리를 만들려면 천장이나 바닥, 벽에 붙어 있는 침낭으로 들어가야 해요. 부풀어 오르는 쿠션이 침대의 뼈대를 이루고 있지요. 조용히 쉬고 싶을 때는 특별한 이불과 시트를 갖춘 개인 침낭을 사용해요. 이 침낭은 소음을 줄여 주고 편안하게 해 준답니다.

면도는 어떻게 할까요?

우주에서 면도를 하려면 특별한 기능을 갖춘 면도기를 사용해야 해요. 잘린 수염이 공중으로 흩어지지 않게 빨아올리

우주비행사들은 어떻게 옷을 입을까요?

우주비행사들도 우주선이나 우주정거장 안에서는 우주복을 입지 않아요. 남자든 여자든 우주에서의 복장은 보통 티셔츠에 짧거나 긴 운동복 바지를 입어요.

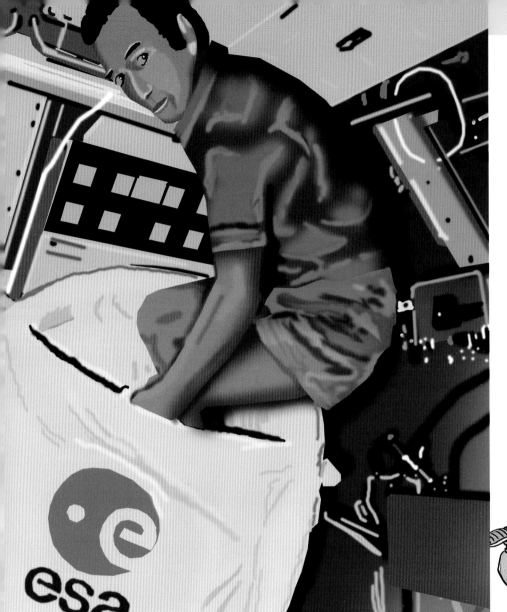

우주비행사들은 어떤 자세로도 잘 수 있어요. 우주선 벽에 고정되어 있는 커다란 침낭 속으로 미끄러져 들어가서 선 채로 잠을 자거나 누워서 자곤 해요. 태양빛에 방해받지 않기 위해 눈을 가리는 안대를 하고 잔답니다.

방향을 잡으려면 어떻게 할까요?

벽면에 붙어 있는 손잡이를 손으로 붙잡고 이동해요.

어떻게 지구와 연락할까요?

우주정거장은 지구와 무선으로 연결되어 있어요. 그래서 컴퓨터나 기계에 이상이 생겼을 때 지구에 있는 기술자들과 정비사들의 도움을 받을 수 있어요. 우주비행사들이 때때로 가족이나 친구들과 대화를 나누는 것은 정신 건강에 매우 중요하지요! 우주비행사들은

수개월 동안 우주 공간에 머물러 있어야 하니까요.

어머나!

● 무중력 상태로 인해 몸에 생기는 문제를 예방하기 위해 우주비행사들은 매일 필수적으로 두 시간씩 운동을 해야 해요.

변기에 앉으려면 어떻게 해야 할까요?

우주선 화장실에서 대변을 보려면 변기에 붙은 가죽 천에 엉덩이를 고정해야 해요. 동시에 허리와 발도 고정시켜야 하지요!

화장실에는 어떻게 갈까요?

옛날과는 다르게 현재 우주선의 화장실은 보통 화장실과 비슷해요. 하지만 우주비행사들은 배설물을 빨아들이는 기구를 부착하는 것을 잊으면 절대 안 돼요. 남자건 여자건 소변을 보고 싶을 때는 깔때기를 고정해야 하지요. 그러면 소변이 깔때기의 파이프 속으로 빨려들어가요. 대변을 보고 싶을 때에는 엉덩이가 달라붙는 흡

입식 변기에 앉아 볼일을 봐요. 흡입 기구가 모든 것을 빨아들이기 때문에 대변을 보고 난 뒤에 휴지로 닦을 필요가 없어요. 당연히 변기를 닦을 필요도 없지요.

우주에서는 어떻게 샤워를 할까요?

우주에서는 목욕을 할 수 없어요! 짧은 임무를 수행할 때는 아기의 엉덩이를 닦아 줄 때 사용하는 물수건으로 몸을 닦아요. 긴 시간 동안 우주에 머물 때는 무중력 상태에 대비하여 만든 샤워 부스를 사용하지요. 물방울이 공기 중으로 올라가지 못하도록 물방울을 흡입하는 기구가 달려 있어요.

몸이 아프면 어떻게 할까요?

의사는 없지만, 일상적인 고통을 덜어 주기 위해 준비된 약품 수납장이 있어요. 예를 들면 두통이나 설사, 변비 등을 위한 약들이지요. 외과 치료를 위한 도구도 있어요. 러시아의 우주비행사들은 동료의 이를 뽑아 줄 정도로 외과 치료 기구를 사용할 줄 안대요. 또 병을 진단하기 위해 무선으로 의사와 통신할 수도 있어요.

왜 우주선에는 여기저기 벨크로라는 접착 밴드가 붙어 있을까요?

무중력 상태로 인해 물건을 같은 장소에 놓는 것이 불가능하기 때문이에요. 그래서 모든 물건은 어딘가에 달라붙어 있어야 하지요. 벨크로 접착 밴드와 자석은 우주비행사가 사용할 물건과 도구 들을 붙잡아 주는 역할을 해요.

어떻게 식탁 위에 그릇을 놓을까요?

우주에서는 예쁜 식탁보를 깔고 식탁에 앉아 식사할 수는 없어요. 대신 각자의 쟁반에서 패스트푸드를 먹듯 식사하지요. 이 쟁반은 음식이 든 오목한 그릇을 고정해 주어요.

왜 지구에서처럼 걸을 수 있는 신발을 개발하지 않을까요?

그런 신발을 개발하는 것은 아무 소용이 없어요. 게다가 둥둥 떠다니는 것은 절대로 기분 나쁜 일이 아니랍니다!

왜 바지의 밑단이 뜨지 않을까요?

바지의 밑단은 움직이지 않게 고정되어 있어요.

어머나!

머리카락이 위로 뻗칠 걱정은 하지 않아도 돼요. 우주에서는 긴 머리카락을 묶고 생활하기 때문이에요.

미르 우주정거장

맨 처음 별들이 지나는 우주 공간에 우주 기지를 세우려는 생각을 한 사람은 러시아의 콘스탄틴 치올코프스키에요. 세계 최초의 우주정거장인 살류트는 1971년 4월부터 그해 10월까지 지구궤도를 돌았어요.

1986년에 쏘아 올린 러시아의 미르 우주정거장은 거대한 조립식 블록인 메카노를 닮았는데, 그 안에 레스토랑도 있고 거실도 있고 요리를 할 수 있는 시설도 갖추어져 있어요. 또 다른 우주선과 결합하기 위한 여섯 개의 모듈용 도킹 개구도 있지요. 미르 우주정거장은 지구에 있는 대규모 아파트 크기로, 거주 가능한 면적이 400㎡나 되고, 열두 명의 우주비행사가 함께 지낼 수 있어요. 거대한 태양열 판이 미르 우주정거장에서 필요로 하는 에너지를 공급해 주지요.

미르 우주정거장의 내부는 어떻게 생겼을까요?

미르 우주정거장의 공간은 커다란 아파트와 비교해 볼 수 있어요. 물론 무중력 공간이라서 벽도 바닥도 없기 때문에 똑같이 비교할 수는 없지요. 미르 우주정거장은 사실 온갖 잡동사니를 두는 곳이라고도 할 수 있어요. 환기장치와 전선과 고물, 과학 재료 들이 널려 있거든요. 공기정화기가 설치되어 있는데도 이상한 냄새가 나지요. 사실 환기를 하려고 창문을 여는 것은 불가능해요. 그런데도 우주비행사들은 그곳에서 두세 달 혹은 일 년 넘게 거주한답니다.

미르 우주정거장을 건설하기 위해서 어떻게 했을까요?

미르 우주정거장은 몇 년에 걸쳐 세워졌어요. 중심 모듈인 중앙 부분은 1986년 2월에 궤도를 따라 세워지기 시작했고, 1987년에 두 번째 모듈(크반트 1호)이 부착되었으며, 그 뒤를 이어 계속 이어졌어요.

왜 미르 우주정거장을 폐기처분했을까요?

15년이 지나자 전기 기구와 정보 기구 들이 낡아서 고장이 잦았기 때문이에요. 기술적인 문제도 있었지만, 수리에 드는 천문학적인 비용을 감당할 수 없어서 폐기할 수밖에 없었어요.

미르 우주정거장은 1986년 러시아에 의해서 쏘아 올려졌어요. 활동 기간을 5년 정도로 예상했는데, 15년이나 활동했어요!

왜 폭발시키지 않았을까요?

폭발시키면 절대 안 돼요! 왜냐하면 폭발로 생겨난 수천 개의 조각들이 우주를 오염시킬 뿐만 아니라 낮은 궤도에 있는 인공위성들과 충돌할 위험이 있기 때문이에요.

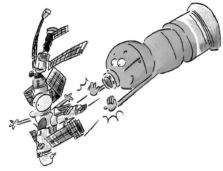

구를 향해 엄청난 짐을 싣고 가는 배처럼 미르 우주정거장을 더 낮은 궤도로 움직이도록 했고, 마지막으로 대기 속으로 밀어넣음으로써 미르 우주정거장은 마찰에 의해 산산조각 나거나 대부분 타 버렸어요.

미르 우주정거장을 어떻게 폐기했을까요?

미르 우주정거장은 2001년 3월 23일에 폐기되었어요. 미르 우주정거장이 활동할 때는 300~400km 상공에 위치해 있었어요. 커다란 엔진이 달린 프로그레스 우주 화물선은 항

어머나!
러시아의 우주비행사 세르게이 아브데예프는 미르 우주정거장의 가장자리에서 보낸 3일까지 더한다면 748일이라는 놀라운 우주 거주 기록을 세웠어요.

국제우주정거장(ISS)

국제우주정거장은 우주 정복 역사에서 유례가 없는 대단한 성과예요. 현재 전세계의 16개국이 참여하여 함께 일하고 있지요. 우주정거장의 가치는 만드는 비용까지 생각하면 약 1천억 유로 정도랍니다. 가장 많은 예산을 사용하는 나라는 미국이고, 다른 나라들은 미국만큼 많이 쓰지는 않아요. ISS는 우주에 있는 진짜 도시라고 할 수 있어요. 일곱 명에서 열 명의 우주비행사가 장기간 체류할 수 있고, 여섯 개의 거대한 실험실에서 여러 분야의 실험을 할 수 있어요. 1998년에 시작하여 2010년쯤 완공 예정으로, 건설에 참여하는 16개국의 대원들이 그곳에서 생활하고 일하면서 공동작업을 하고 있답니다.

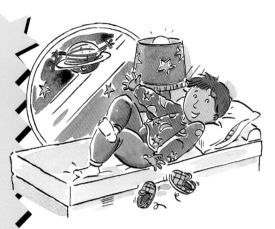

ISS는 어떻게 정비될까요?

국제우주정거장은 미르 우주정거장의 발전된 형태라고 할 수 있어요. 전선과 피복이 겉으로 나와 있던 미르 우주정거장과는 달리 ISS는 내부에 숨겨져 있어요. 간소하고 환한 공간은 정리를 잘할 수 있게끔 수많은 벽장도 갖추고 있지요. 그리고 우주비행사들이 더 편안하게 지낼 수 있도록 거주 공간과 작업 공간이 분리되어 있어요. 가장 좋은 점은 우주비행사의 머리맡에 각자의 램프와 일할 수 있는 작은 책상, 옷을 넣는 개인 서랍을 갖게 되었다는 거예요. 아주 안락한 개인 공간인 셈이지요!

ISS는 어떻게 에너지를 흡수할까요?

ISS는 길이가 108m이고, 태양열을 전기로 바꾸는 판을 여덟 쌍이나 가진 거대한 지주를 갖추고 있어요. 그것은 미르 우주정거장의 설비보다 60배나 많은 에너지를 공급할 수 있어요.

어떻게 우주를 떠도는 파편들로부터 ISS를 보호할까요?

파편이 탐지되면, NASA의 지휘 본부는 ISS의 진로를 우회시켜요. 하지만 어떤 파편은 알아챌 수가 없어요. 그런 파편들은 매우 작고 빨리 움직이기 때문에 아주 위험한 존재예요. 충돌의 결과는 항상 끔찍하지만

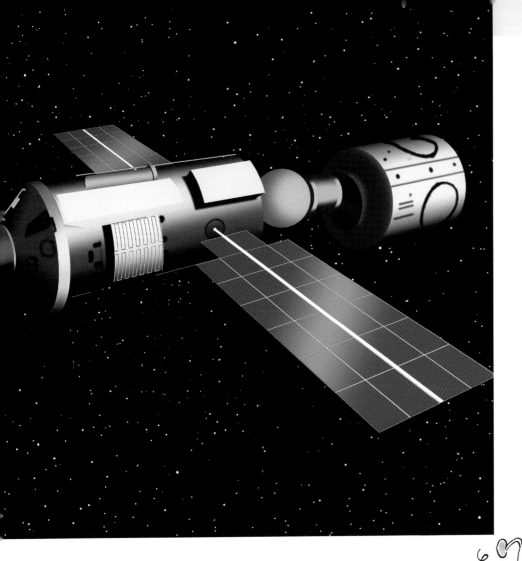

9톤까지의 짐을 이동시킬 수 있어요. 이 우주 화물선으로 마실 물과 공기, 연료, 신선한 식품 재료, 자재, 새로운 실험 등을 우주 비행사에게 전달하지요. ATV는 우주정거장이 더 높은 궤도로 오를 수 있도록 밀어 주는 역할도 한답니다.

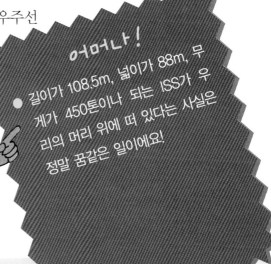

은 않아요. 충돌 위치에 따라 결과가 달라지지요. 위험을 피하려면, ISS의 표면에 알루미늄과 세라믹 도금을 한 방패를 갖추고 있어야 해요.

ISS에 필요한 물품을 어떻게 안전하게 공급할까요?

ISS의 주요 보급 수단은 유럽에서 만든 지름이 4.5m에 길이가 10m인 원통형의 ATV 우주선이에요. 진짜 화물 우주선으로 6.7톤에서

어머나!
길이가 108.5m, 넓이가 88m, 무게가 450톤이나 되는 ISS가 우리의 머리 위에 떠 있다는 사실은 정말 꿈같은 일이에요!

라는 것이에요. 2007년부터 아픈 우주비행사를 단 몇 시간 만에 지구로 데려올 수 있게 되었어요.

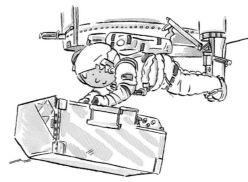

것은 거대한 사업이에요. 각종 우주선과 러시아의 프로톤과 소유스, 유럽의 아리안 로켓 등이 이 엄청난 사업에 크게 기여했어요. 2006년까지 부품 과 우주비행사를 옮기기 위해 46차례의 우주비행이 있었지 요. 1998년 말, 처음으로 우주 정거장의 부품들이 제대로 장 착되기 시작했고, 2006년에 마침내 끝마쳤답니다.

우주 연구소가 있는데, 왜 또 우주정거장을 만들까요?

ISS같이 무중력 상태에서 실 험하면서 우주를 연구하는 곳 은 이미 있어요. 하지만 ISS와 는 달리 한정된 실험만을 진행 할 수 있어요. 예를 들어 미국 의 실험 우주선은 20일 동안 마이크로 중력 상태에서의 실 험을 계획하지만, ISS는 2016 년까지의 실험을 확보하고 있 답니다! 그러니까 ISS는 깊이 있는 연구를 할 이상적인 장소 라고 할 수 있어요.

어떻게 다른 종류의 부분들이 하나로 조립될까요?

어떤 부분은 자동적으로 결합 되지만, 어떤 것은 우주비행사 가 우주의 진공 상태에서 직접 결합해야 해요. 거대한 조립식 블록인 메카노를 만들기 위해 서는 수천 시간 이상의 기간이 걸린답니다.

아픈 우주비행사를 어떻게 구할까요?

ESA와 NASA는 우주에 앰뷸 런스를 설치해 놓았어요. 아주 위험한 상황일 때 사용하는 교 통수단인 대원 귀환선(CRV)이

어떻게 우주정거장을 구성하는 부분들이 우주로 옮겨질까요?

국제우주정거장을 건설하는

ATV는 어떻게 조종될까요?

ATV는 비행사가 없는 무인 보 급 우주선이에요. 하지만 운전 은 매우 정교하게 이루어지지 요. 프로그레스 우주선은 도킹 할 때 미르 우주정거장과 충돌 하기도 했어요. 그런 참사를 피하기 위해 ATV의 비행은 철 저한 관리를 받아요. 우주선의 운전은 프랑스의 툴루즈, 미국

에 의해 움직이는 팔, 여러 부품 제조와 ISS의 작동을 위해 필요한 중추적인 역할을 하지요. 또한 위급한 상황에서 사용하는 CRV 의 제작에도 동참하고 있어요.

모든 부분들이 장착되면 국제우주 정거장의 크기는 1,200㎥나 될 거예요. 훌륭한 아파트가 완성되는 거예요! 다양한 국적의 사람들이 여러 분야의 실험을 위해서 이곳에 거주할 수 있어요.

의 휴스턴, 러시아의 우주통제 센터(TSOUP)에서 조종해요.

ESA는 ISS에 어떻게 기여할까요?

콜럼버스 모듈이라는 실험실을 제공해요. 그 밖에도 아리안 5호에 의해 쏘아 올려진 ATV 물자 보급 우주선과 조종

어머나!
우주비행사들은 ISS의 가장자리에서 둥근 유리를 끼운 창을 통해 우주 풍경을 감상할 수 있어요.

유럽의 실험실

스카이랩은 미국에서 만든 우주 최초의 실험실이에요. 부피가 350㎥나 되는 커다란 통인 스카이랩은 450km 상공에 위치해 있어요. 태양 관측과 무중력 상태에서의 재료 실험, 그리고 생명 과학 등 세 가지 분야에서 임무를 수행했지요. 가장 오래 걸린 임무는 84일이었어요. 스카이랩은 1973년 5월부터 9개월 동안 사용되고 폐기되었어요.

유럽의 우주 실험실도 미국과 같은 시기에 만들어졌어요. 그 실험실은 로켓의 바닥에 위치해 있었어요. 세 명으로 구성된 두 그룹이 10일에서 15일 동안 80개의 실험을 했어요. 우주에서의 실험은 비행 지속 기간에 의해 제약을 받아요.

왜 어떤 실험들은 조종실 밖으로 옮겨질까요?

왜냐하면 어떤 실험들은 기압을 유지하고 있는 조종실이 아니라 진공 상태인 우주 공간에서 이루어져야 하기 때문이에요. 그래서 플랫폼은 그러한 종류의 실험을 하기 위해 일부러 외부에 장착하지요.

왜 과학자들이 우주에 실험실을 갖는 것이 중요할까요?

대기가 없는 진공 상태인 마이크로 중력(무중량 상태)의 이점을 이용하여 우주라는 전혀 다른 환경에도 적용할 수 있는 해결책을 발견하기 위해서예요.

왜 지구에서는 무중력 상태를 만들 수 없을까요?

지구에서도 무중력 상태를 만들 수는 있지만, 쉽지 않아요. 첫 번째 방법은 포물선 형태의 비행이에요. 이 과정에서 과학자들과 우주비행사들은 비행기 안에서 실험을 준비하지요. 두 번째 방법은 자유낙하를 이용하는 것이에요. 그러나 이 방법은 대기가 물체의 낙하에 제동을 걸기 때문에 지구에서는 쉽지 않아요.

예를 들어 우리가 깃털과 자갈을 같은 높이에서 떨어뜨리면 자갈이 더 무게가 많이 나가고 공기의 마찰을 적게 받기 때문에 먼저 떨어질 거예요. 반면에 우주의 진공 상태

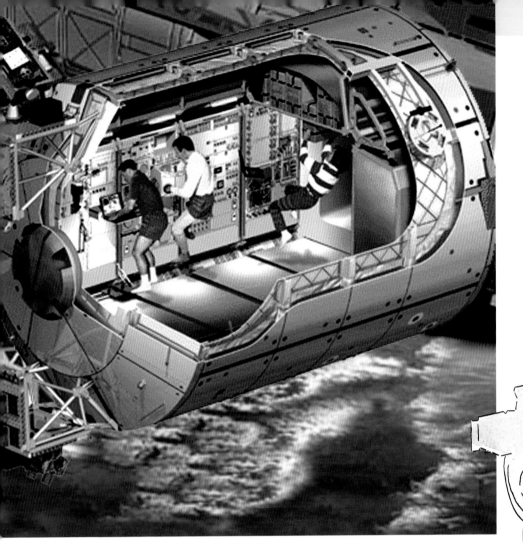

콜럼버스 실험실은 계속 개조하고 보수하기 때문에 그림의 모습과는 다를 수 있어요. 더 오랜 기간 동안 실험을 가능하게 하는 국제우주정거장에 연결되면서 우주비행사들에게 편안한 작업 환경을 제공하지요. 콜럼버스 실험실은 스페이스랩과 비교해서 수많은 장점을 가지고 있어요.

에서는 자갈과 깃털이 동시에 떨어지지요. 그런 무중력 상태를 만들기 위해 실험이 가능한 높은 탑을 사용하는데, 현재 가장 높은 탑은 일본에 있는 500m 높이의 탑이에요.

도록 제작된 반면, 스페이스랩은 더 짧은 시간을 우주에서 보낼 수 있어요. 콜럼버스 실험실은 우주의 기상과 파편들에 맞서는 방패 벽을 잃지 않으면서 오랫동안 우주에 머물 수 있답니다.

콜럼버스 실험실과 스페이스랩은 어떻게 다를까요?

유럽에서 만든 콜럼버스 실험실은 단단한 구조 덕분에 우주 환경과 10년 동안 맞설 수 있

어머나!

● 1983년 첫 번째 임무를 시작한 뒤부터 스카이랩 실험실은 우주에서 21번이나 사용되었어요. 콜럼버스 실험실은 2004년에 ISS에 통합되면서 일 년에 500여 차례의 실험을 진행하지요.

우주의 자원

우주는 인류에게 있어 자원의 보고예요. 우주를 탐험하는 것은 다른 행성과 우리가 살고 있는 지구에 대해 더 잘 알게 할 뿐만 아니라 우리의 삶을 풍요롭게 해 주어요.

우주는 무중력과 진공 상태이기 때문에 지구에서는 가능하지 않은 실험들을 할 수 있는 아주 좋은 실험실이에요. 우주는 고갈되지 않은 자원과 에너지도 제공해 준답니다.

우주 정복으로 인해 엄청난 기술들이 발전했어요. 이 기술들은 지구의 일상생활에도 적용되어 우리의 삶을 더욱 발전시켜 주지요.

왜 운석을 채취하려고 할까요?

운석의 표면은 메탄과 규토가 풍부해요. 운석을 확보하게 되면 그것을 자재로 활용할 수 있을 거예요. 화성에서는 철을 채취하고, 산소가 많이 들어 있는 월석도 활용하고요. 산소는 액화되면서 우주선에 발동기용 연료를 제공해 주어요.

어떻게 태양 에너지를 이용할까요?

사람들은 점점 더 많은 에너지를 사용하고 있어요. 화석 연료는 비용이 많이 드는 동시에 환경을 오염시키지요. 그래서 태양열을 전기로 변환시키는 생각을 하게 되었어요. 우주정거장이나 인공위성에서 사용하는 것처럼 말이에요. 물론 태양 에너지를 이용하는 양은 분야마다 다르지만, 전체적으로 생산하는 에너지의 양은 훨씬 늘어났어요.

어떻게 감자칩이 부서지지 않고 봉지에 들어갈 수 있을까요?

2004년 토성의 위성인 티탄에 착륙한 호이겐스 관측기구를 감자칩에 비교해 볼 수 있어요. 아주 조심스럽게 속력을 조정해야 안전하게 착륙할 수 있지요. 감자칩이 봉지 안에서 부서지면 안 되잖아요? 우주 공학과 관련한 항공 공학 분야의 작은 기업이 감자칩이 부서지지 않도록 빨리 봉지에 넣고 밀봉하는 기계를 개발했대요.

어떻게 해야 스키 고글에 끼는 수증기를 막을 수 있을까요?

아폴로 호의 우주비행에 이용한 방법을 써요. 우주비행사의 몸에서 나오는 열로 인해 생기는 습기가 고글에 응축되면서 자리를 잡기 때문에 그 습기를 잡는 시스템을 찾아야 하지요. 해결 방법은 전기 난방기구나 환풍기를 고글에 설치하는 거예요. 이 기술은 미국 스키 선수들의 고글에 이용되고 있어요.

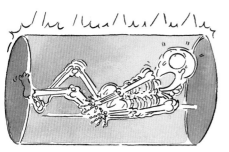

과학자들은 행성에 존재하는 금속을 추출하기 위해 행성에 착륙하는 방법을 생각했어요.

요. 우주 관련 기술은 슈퍼마켓에서 계산할 때 바코드를 찍는 데도 이용되고 있어요.

어떻게 스캐너는 몸속을 정확하게 볼 수 있을까요?

달에서 찍은 사진의 화질을 발전시키는 연구 결과가 의료 분야의 영상 이미지 향상에 이용되고 있어요. 이렇게 발전된 기술은 오늘날 의사들이 환자의 병을 진단하는 데 이용하지

어머나!

우주의 온도 변화로부터 인공위성을 보호하기 위해 사용하는 보호막 기술이 식품 재료를 보호하는 기술로 이용되고 있어요.

111

우주 탐사

어떻게 별의 위치에 관한 지도를 만들 수 있을까요?

히파르코스 같은 관측 인공위성을 사용해요. 이 인공위성은 ESA에서 만들었고, 1989년부터 1993년까지 118,218개의 별에 관한 정확한 위치와 움직임, 파편 등을 연구했어요. 그 연구 결과를 토대로 우주비행사들은 별과 별 사이의 실제 거리를 측정하여 세 가지 측면으로 하늘의 지도를 만들 수 있게 되었지요. 2010년부터는 아리안 5호에서 쏘아 올릴 가이아가 10억 개의 별들에 관해 조사할 거예요.

왜 태양을 연구하기 위한 탐사선을 보낼까요?

왜냐하면 항성들을 연구하는 것은 매우 중요한 일이기 때문이에요. 태양은 지구에 빛과 열을 제공하는 항성이에요. 태양과 지구 사이의 거리는 아주 덥지도 춥지도 않을 정도로 적당하지요. 그러한 거리에도 불구하고 태양은 텔레비전 방송이나 전기 발전소를 혼란에 빠뜨리는 장난을 치기도 해요.

어떻게 소행성들을 감시할까요?

과거에는 소행성들과 혜성들이 지구에 엄청난 해를 끼쳤어요. 과학자들은 그러한 침입을 관측하려고 계속 노력했지요. 유럽에는 소행성을 잡는 군대 역할을 하는 80개의 기구가 있어요. ESA도 소행성 탐지를 위해 두 개의 프로젝트를 연구하고 있어요. 2003년에 쏘아

탐사선과 인공위성은 우주비행사들과 관측기구들을 우주공간으로 옮겨다 놓을 수 있게 하고 하루 종일 관측할 수 있게 해 주어요. 지구의 대기를 형성하는 층을 벗어나면, 태양과 행성과 별들의 모습을 자세하게 볼 수 있지요. 하지만 자외선이나 적외선, 감마선처럼 볼 수 없는 빛들도 있어요.

정보들이 수집되면, 인공위성은 그것을 지구로 보내요. 그러면 컴퓨터가 우주에서 받은 정보들을 풀어서 연구할 수 있도록 보여주지요.

로제타 관측기구는 8년간의 탐험 끝에 태양과 아주 멀리 있는 비르타넨 혜성에 2km 이내로 접근했어요. 그리고 100kg이나 되는 착륙 장치를 떨어뜨렸지요. 그것은 우리에게 항성의 기질과 구성에 관련된 정보를 제공함으로써 태양계를 더 잘 이해하는 데 도움을 줄 거예요.

위해 플루토-카이퍼 익스프레스를 2004년에서 2006년 사이에 쏘아 올렸고, 2012년에 명왕성에 도착할 예정이라고 밝혔어요.

저 여기 있어요!

올린 로제타 호는 2006년과 2008년 사이에 두 개의 소행성 근처를 지나갔어요. 2011년에는 비르타넨 혜성의 궤도 가까이 진입할 거예요. 가이아는 소행성을 격퇴할 수도 있어요.

왜 아직 명왕성까지 가지 못할까요?

명왕성은 지구로부터 가장 멀리 떨어져 있고, 한 번에 모든 행성을 조사할 수는 없기 때문이에요. 미국은 명왕성 탐사를

어머나!

보이저 2호는 태양계 탐사선으로 벌써 지구로부터 10억km나 떨어져 있어요. 임무 수행 기간을 연장하기 위해 NASA의 기술자들은 관측기구에 들어 있는 프로그램을 변경했대요.

일기예보

- 이미 몇 세기 전부터 사람들은 내일 비가 올지, 아니면 날이 맑을지에 대해 궁금해했어요.

- 14세기부터 기상학은 과학으로 생각되었어요. 기상학의 가장 중요한 핵심은 하늘의 기질을 알아내는 거예요. 오늘날에는 인공위성들이 기상학자가 일기예보를 할 수 있도록 도와주지요. 높은 고도에 있는 인공위성들은 지구의 대기를 관측하여 지상에 있는 슈퍼컴퓨터로 정보를 보내 주어요. 그러한 기상 관련 정보들은 많은 사람들에게 매우 유용하게 사용되지요.

침전물이 분출되는 것을 어떻게 예상할 수 있을까요?

울퉁불퉁한 모양을 보면 알 수 있어요. 예를 들어 800km 고도에 있는 스포트 5 지구관측 인공위성은 지상에서 2.5m 세부까지 조사할 수 있을 뿐만 아니라 울퉁불퉁하게 돌출된 부분도 조사할 수 있어요. 그뿐만 아니라 토질의 점진적인 변화와 침전물의 분출, 그리고 화산의 움직임까지 포착할 수 있어요.

어떻게 날씨를 예측할까요?

일기예보를 하기 위해 매일 같은 시간에 온도와 대기압, 구름과 비, 가시도 등을 조사해요. 그러한 정보들을 지구 정지궤도상의 늘 같은 장소에서 관측하는 인공위성의 정보들과 결합하지요. 그러고 나서 모든 정보를 중앙 분석 컴퓨터에 입력해요. 컴퓨터가 모든 자료를 분석하기 때문에 기술자들이 그 일을 할 필요는 없어요.

왜 날씨를 바꿀 수는 없을까요?

할 수 있어요! 그렇다고 기상학자들이 마술사라서 비가 내리게 하거나 화창한 날씨를 만들 수 있다고는 생각하지 마세요. 사실은 기후 변화를 약화시키는 방법 정도예요. 그렇지만 미래에는 우주 기술로 하늘을 통제하게 될 가능성도 상상해 볼 수 있어요. 태양의 빛과 열을 통제할 수 있는 거대한 기구를 지구궤도에 올려놓은 뒤 필요할 때 가져

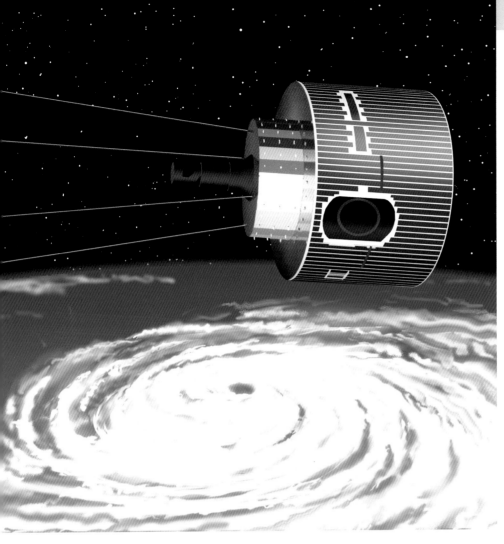

수는 있어요. 그래서 사람들은 태풍에 대비할 수 있게 되지요. 1950년 이전에는 태풍의 이름을 짓기 위해 태풍의 생성 경도와 위도를 이용했으나 혼란스러웠어요.

그 뒤로는 매년 첫 번째로 발생하는 태풍에 알파벳의 첫 글자인 A로 시작하는 이름을 붙여요. 그렇게 이름을 지어 주면서 더 이상 태풍 이름이 헷갈리지 않게 되었어요.

기상관측 인공위성은 태풍의 형태를 따라가면서 그 태풍이 어디를 향해 가고 있는지 예상할 수 있는 유용한 정보들을 제공해요.

왜 태풍이 오는 것을 막을 수 없을까요?

안타깝게도 인공위성이라도 태풍을 막을 능력은 없어요! 하지만 태풍에 관한 정보를 입력하고 매 시간마다 변화를 조사하면서 태풍이 어떤 지역에 피해를 줄지 예상할

오고 반대로 내보낼 수 있을 거예요. 필요에 따라서 이 기구는 태양광선의 양을 늘리거나 줄일 수도 있을 거예요.

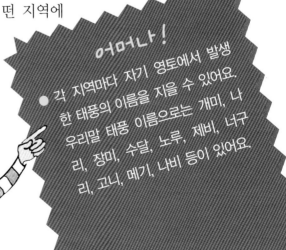

어머나!

● 각 지역마다 자기 영토에서 발생한 태풍의 이름을 지을 수 있어요. 우리말 태풍 이름으로는 개미, 나리, 장미, 수달, 노루, 제비, 너구리, 고니, 메기. 나비 등이 있어요.

지구의 관찰

지구를 관찰하기 위한 인공위성은 필요한 조건을 모두 갖추어야 해요. 사막과 바다, 극지 같은 곳을 빠르고 정확하게 관찰하는 것은 어렵기 때문이지요. 인공위성이 낮게 뜨면, 전체적인 지구의 모습을 자세히 볼 수 있고, 높이 올라갈수록 세밀함이 떨어져요. 그래서 지구를 관찰하기 위해서는 두 종류의 인공위성을 사용하지요. 하나는 땅에서 수천 킬로미터 떨어진 정지궤도상의 인공위성으로 아주 멀리 있는 지역까지 관찰할 수 있고, 다른 하나는 땅과 좀 더 가깝게 있어서 더 자세하고 정확하게 관찰을 할 수 있어요.

왜 사람들은 빙산을 보고 싶어할까요?

지구온난화를 연구하기 위해서예요. 최근 50년간 지구의 평균 온도는 많이 올라갔어요. 그리고 21세기에는 그런 현상이 더욱 심해질 것으로 예상하고 있어요. 극지방에서 얼음이 녹으면 해수면이 상승하기 때문에 매우 위급한 상황이지요. 바다 가까이 있는 지역은 침수될 위험에 처해 있고, 지구의 온도는 지금도 계속 변하고 있으니까요. 2002년 3월 앤바이샛 환경 인공위성은 남극 지역에서 3,250㎢나 되는 빙산이 녹는 것을 발견했어요.

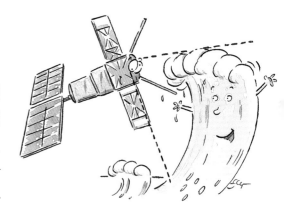

어떻게 인공위성으로 해양을 연구할까요?

인공위성은 해양의 사진을 찍는 일만 하지는 않아요. 예를 들어 ERS-1 같은 인공위성은 파도의 높이와 바람의 세기, 해양 표면의 방향과 온도까지도 측정할 수 있어요. 이러한 정보들 덕분에 과학자들은 해양에 관해 많은 사실을 알 수 있게 되었어요.

왜 우주를 찍은 사진에서는 경계를 볼 수 없을까요?

우리가 생각하는 울타리나 벽 같은 경계선은 완전히 인간의 상상에 의해 만들어진 것이에요. 그러니까 우주에서는 그런 경계를 볼 수 없어요.

강을 관찰하고 조사하지요. 인공위성에 달린 관측기구는 정보를 저장해서 조사된 물체의 성질이 무엇인지 정의를 내려요. 그러나 매우 다양한 종류의 식물들을 구분해 내는 것은 쉽지 않아요. 게다가 같은 식물이라도 금방 자란 것인지, 오래된 것인지에 따라 다른 모양을 하기 때문에 더욱 어렵지요.

앤바이샛 인공위성은 지구의 환경을 조사해요. 인공위성에 부착된 기구들을 통해 해양과 바람의 움직임을 조사할 수 있어요.

어떻게 인공위성으로 밭에서 무엇이 자라는지 알 수 있을까요?

인공위성에 달려 있는 기구가 연구해야 할 장소의 밭과 숲과

어머나!

● ESA의 인공위성들은 콩고의 고릴라들을 구할 수 있어요. 인공위성들이 숲 속에서 나무를 마구 베는 것과 야영이 금지된 장소들을 감시하기 때문이에요.

항공과 위치 측정

- 인공위성의 항공 시스템 덕분에 모든 배와 비행기, 기차 등의 움직임을 아는 것이 가능해졌어요.

- 최초의 항공 시스템은 GPS로 1970년 미국에서 시작되었어요. 이 시기에는 군사적인 필요에 의해 사용했어요. 1983년부터 민간인들이 이 시스템을 사용할 수 있게 되었지요. 항공 인공위성은 언제 어디에 있든지 수신 장치를 지닌 교통 수단과 사람을 측정할 수 있어요. 이 시스템은 비행기와 자동차의 길을 안내하고, 기차와 버스의 위치를 찾기도 하며, 교통 상황이나 해군의 항해에 이용되기도 해요.

동물들의 이동을 어떻게 감지할까요?

동물들의 몸에 부착된 목걸이나 팔찌 형태의 작은 기계 덕분이에요. 이 기계는 동물들의 목이나 다리에 달려 있어요. 기계에서 발생되는 신호가 인공위성으로 하여금 동물들의 흔적을 찾을 수 있도록 하지요. 그러니까 동물들이 번식하는 장소와 겨울을 나는 장소 등도 인공위성을 통해 알 수 있어요.

바다에서의 경주에서 누가 이길지 어떻게 알 수 있을까요?

경주에 참여한 요트마다 가방

을 하나씩 싣고 있어요. 그 가방은 850㎞ 상공에 위치한 인공위성에 의해 탐지된 메시지를 규칙적으로 송신하지요. 인공위성은 그 메시지를 다시 본부로 보내서 배의 정확한 위치를 알 수 있게 해 주어요. 결과를 아는 데까지 15분밖에 걸리지 않아요.

누군가에게 도움이 필요한지 어떻게 알 수 있을까요?

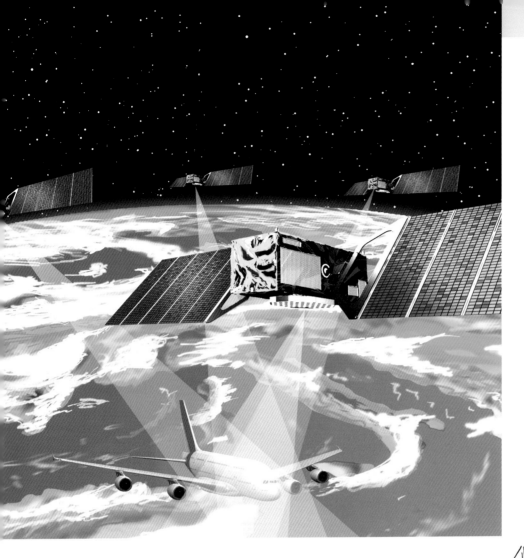

통제하기 위해 정밀한 방법이 필요해요. 2008년부터 유럽은 비행기를 알맞은 장소로 안내해 주는 서비스를 실시하고 있어요. 이 서비스를 받으려면 비행기는 다른 비행기와의 충돌을 방지하기 위해 반드시 억지로 상승과 하강을 할 수 있는 충돌 방지 시스템을 장착해야 해요. 유럽의 항공 시스템인 갈릴레오는 미국의 항공 시스템인 GPS와 경쟁하고 있어요. 갈릴레오는 비행기가 공항에 착륙할 때까지 길을 안내해 준답니다.

비행기를 올바른 방향으로 인도하고 비행기의 안전을 위한 모든 정보를 제공하기 위해서는 적어도 네 개의 인공위성이 필요해요.

인공위성은 조난 가방의 위치와 수신기의 위치를 측정할 수 있어요. 그 가방과 수신기를 가진 사람은 구조 요청이 되도록 SOS 버튼을 누르지요.

어떻게 비행기의 충돌을 막을 수 있을까요?

비행기는 마음대로 나는 것이 아니에요. 땅에서처럼 하늘에서도 의무적으로 따라가야 할 길이 있으니까요. 하늘에서의 교통 체증은 점점 더 늘어나는 중이라서 그것을

어머나!

유럽의 항공 시스템인 갈릴레오에 의해 30개의 항공 인공위성이 우리의 머리 위 23,616km 상공에서 위치를 안내해 주고 있어요.

119

통신

사람들은 거리에 상관없이 어디에서나 통신하기를 원해요. 먼 곳까지 정보를 전달하기 위해서는 전파를 사용하지요. 보이지 않는 파동은 아주 먼 거리를 꿰뚫고 지나갈 수 있고, 소리와 이미지와 또 다른 형태의 많은 정보들을 전달할 수 있어요. 지구는 둥글고 울퉁불퉁한 돌기로 덮여 있기 때문에 지형적인 특성상 좋은 상태의 통신을 하는 것은 어려운 곳도 있어요. 예를 들어 베를린과 리스본 사이가 그렇지요. 그래서 중간에 중계 채널이 필요해요. 인공위성은 이상적인 중계 채널의 역할을 해 주어요. 고도 36,000㎞에 위치한 세 개의 정지궤도상에 있는 인공위성은 지구 전체의 통신을 가능하게 해준답니다.

인공위성이 대륙들을 연결하려면 어떻게 해야 할까요?

전파의 파동은 바다 밑에 있는 전선을 통해 흐르면서 한 대륙에서 다른 대륙으로 이동해요. 하지만 전달하는 정보가 많아질수록 전선을 통하는 파동의 순환이 점점 더 어려워지지요. 그래서 인공위성들은 전선이 하는 일을 돕고 있어요.

인공위성에 의한 전화는 어떻게 작동할까요?

두 가지 다른 길을 생각해 볼 수 있어요. 쌍방향 도로 위에 전화를 거는 송신자가 있고, 받는 수신자가 있어요. 이 둘 사이에는 정보의 교환을 조정하는 인공위성이 있지요. 송신자에 의해 발생한 소리는 한쪽

길을 따라 흐르고, 수신자가 받은 소리는 또 다른 길을 따라 흐른답니다.

어떻게 구름 낀 날에도 텔레비전을 볼 수 있을까요?

다행히 전파의 힘은 대단해서 구름에 방해받지 않고 이미지를 전달할 수 있어요.

어떻게 인공위성은 한 번에 여러 개의 채널을 공급할까요?

인공위성은 한 번에 여러 채널의 텔레비전 프로그램을 제공할 수 있어요. 각각의 프로그램은 전파를 통해서 전달되지요. 최대한의 전파가 막힘 없이 이동하는 우주상의 거대한 고속도로를 상상해 볼 수 있어요. 인공위성에 도착한 각각의

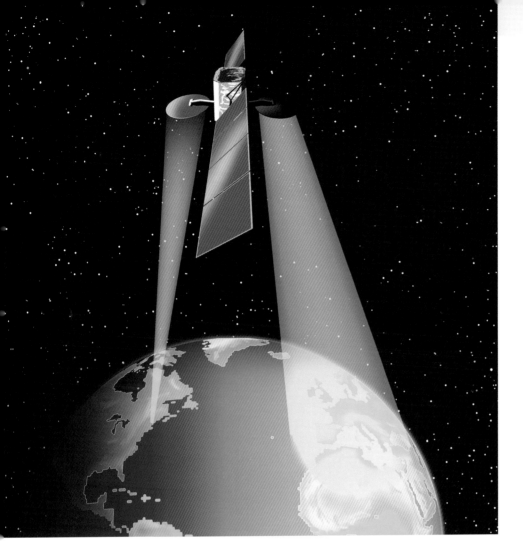

통신을 위한 인공위성들은 대부분 정지궤도상에 위치해 있어요. 즉 이런 인공위성은 지구와 같은 속도로 돌면서 정보 전달을 가능하게 하지요. 예를 들어 유럽에서의 방송을 미국에서 생방송으로 볼 수가 있답니다.

그래서 서울에서뿐만 아니라 뉴욕, 세네갈까지도 수많은 사람들이 동일한 시간에 월드컵을 볼 수 있는 거예요. 아주 외진 지역도 마찬가지예요. 그러한 지역에는 건강과 위생, 농업 기술과 관련한 프로그램이 제공되기도 하지요.

전파는 지구로 다시 내려가기 위해 알맞은 주파수를 가지게 돼요.

어떻게 사막에 사는 사람들도 텔레비전을 볼 수 있을까요?

텔레비전 수상기와 안테나만 있으면 된답니다. 인공위성이 방송을 전달하는 일을 해 주기 때문이에요.

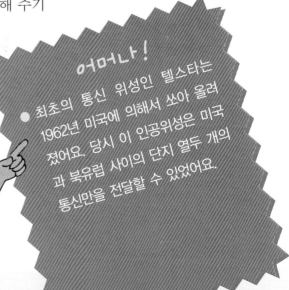

어머나!

최초의 통신 위성인 텔스타는 1962년 미국에 의해서 쏘아 올려졌어요. 당시 이 인공위성은 미국과 북유럽 사이의 단지 열두 개의 통신만을 전달할 수 있었어요.

의학 분야

- 의학 역시 우주에서의 연구를 통해 발전했어요. 의료 도구들만 발전한 것이 아니라, 병을 치료하고 예방하는 새로운 방법들을 발견했지요.

- 우주는 지구보다 중력이 약하기 때문에 지구에서는 상상조차 할 수 없는 다양한 실험이 가능하고, 대량 생산에 유리한 환경을 제공하기도 해요. 그러한 실험들은 기초적인 연구뿐만 아니라 실행 단계 직전에 부작용을 발견하는 기능도 있어요.

왜 우주에 가면 키가 커질까요?

지구에서는 중력이 잡아당기는 힘으로 인해 척추가 오그라져 있어요. 하지만 우주에서는 그 반대가 되지요. 척추는 아코디언처럼 쭉 펴져서 어떤 우주비행사는 키가 7㎝나 커지기도 한대요.

왜 우주비행사 후보들은 3개월 동안 침대에 머무를까요?

2001년 첫 번째 우주 계획인 로프트 스토리(Loft Story)가 14명의 우주비행사 지원자들에 의해 조직되었어요. 2002년부터는 유럽의 ESA, 프랑스의 CNES, 일본의 NASDA에서 26세부터 35세 사이의 지원자 11명이 이 조직의 역할을 대신하게 되었지요. 우주비행사 후보들은 3개월 동안 먹기 위해서나 화장실에 가기 위해, 그리고 컴퓨터를 사용하기 위해서도 절대로 일어나지 않아요. 이 긴 기간 동안 후보들은 근육과 뼈에 관련한 수많은 실험 과정을 훈련하게 되지요.

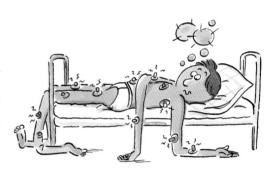

이 실험들은 실제로 우주에서는 일어나지 않지만, 긴 기간 동안 우주에서 생활할 우주비행사 후보들을 위해 모의 실험을 하는 거예요. 이 실험을 통해 무중력 상태인 우주에서의

돌보기 위해 사용하는 우주선을 생각해 보세요. 그러한 방법은 지구에서 아기를 간호하는 데 사용하기도 해요. 잠자는 동안 사망하는 신생아들이 있는데, 의사들은 왜 그런 일이 발생하는지 이유를 알지 못했어요. 그래서 우주비행사를 간호할 때 사용하는 방법을 따라서 아기들을 위해 특별한 잠옷을 고안해 냈어요. 그 잠옷으로 아기들이 자는 동안 심장박동을 감지하여 사망하는 일을 방지할 수 있었어요.

무중력 상태인 우주 실험실에서 행해진 실험들은 의료 분야에 커다란 발전을 가져왔어요.

긴 체류 기간이 우주비행사들의 몸에 어떠한 영향을 미치는지 알게 되었어요. 근육은 허약해지고 뼈는 매우 약해지지요. 사고로 긴 시간 동안 몸을 움직이지 못하는 환자들이 겪는 증상과 똑같은 원리예요. 이러한 실험은 또한 위험 요소들을 이해하고 그것을 미리 피할 수 있도록 도와주어요.

어떻게 우주비행사들의 건강을 점검하기 위해 사용하는 방법이 지구에서도 적용될 수 있을까요?

무중력 상태에서 우주비행사들의 건강을

어머나!

우주에서 사용되는 어떤 물질들의 조합은 특정 온도에서는 꼬인 상태로 있고, 열을 가하면 다시 본래의 상태로 돌아와요. 그러한 물질은 치아를 교정할 때 사용하기도 해요.

우주의 환경

우주정거장은 마치 바다에 떠 있는 거대한 여객선 같아요. 탑승자들이 먹고 마시고 숨쉴 수 있도록 모든 장비를 갖추어야 하지요. 궤도에 올라 있는 우주정거장에 직접 물자를 공급할 수도 있지만, 그것은 비용이 매우 많이 드는데 낭비할 필요는 없잖아요. 인간의 몸속에 있는 동맥과 정맥을 통해 피가 흐르듯이, 국제우주정거장에도 우주인을 위해 액체를 순환시키고 생명에 필수적인 기체를 공급하는 관들이 있어요. 우주는 오염되어서는 안 되는 공간이기 때문에 재활용할 수 없는 쓰레기들은 우주로 배출하지 않고 분해시킨답니다.

어떻게 우주선에서 신선한 공기를 마실 수 있을까요?

우주정거장은 마치 커다란 마개로 막혀 있는 병 같아요. 신선한 공기를 얻기 위해 병의 입구를 열 수는 없지요. 환기 장치가 탄소 가스를 잡아 내는 동안 우주정거장의 관 안에는 기압이 유지되도록 공기가 흘러요. 우주정거장 안에 흐르는 공기를 청결하게 유지하기 위해 규칙적으로 관을 통해 흐르는 가스를 점검하지요.

어떻게 마시는 물을 공급할까요?

우주선 안에서는 모든 것이 변형 가능해요. 우주비행사들이 마시는 물은 사람이나 생명체의 소변이에요! 우주정거장에 탑승해 있는 사람들과 동물 들이 소변을 보면, 곧바로 모아져서 관으로 들어가기 전에 정화되지요. 하지만 안심하세요. 그 물은 우리가 지구에서 마시는 물보다도 훨씬 깨끗하니까요. 그것이 우주에서 생활하는 모습이에요.

어떻게 물을 절약할까요?

우리처럼 우주비행사들도 땀을 흘려요. 우주정거장에서는 우주비행사가 숨쉴 때 나오는 물기와 땀까지 전부 모아요. 한 방울도 남기지 않고요!

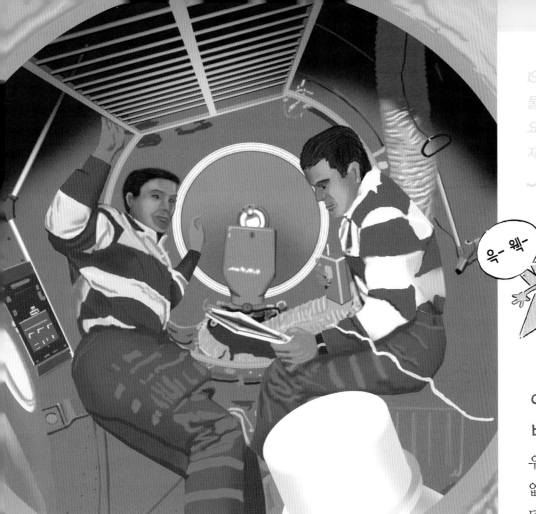

으- 웩-

어떻게 쓰레기통을 비울까요?

우주에는 당연히 청소부도 없고, 창문으로 쓰레기를 던져 버릴 수도 없어요. 그래서 쓰레기 트럭 역할을 하는 우주선이 와서 쓰레기들을 가져가지요. 그 우주선은 비어 있기 때문에 우주정거장의 쓰레기들을 실을 수 있어요.

정화기는 어떻게 작동할까요?

물의 정화는 지구에서와 비슷한 방법으로 작동해요. 생각해 보면, 지구에서도 하늘에서 내리는 비 속에 대기 중에 증발된 동물들의 소변이 포함되어 있어요. 그래서 우주정거장에서 사용하는 정화기도 지구에서 의 방법을 모방하여 만들었지요. 찌꺼기와 불순물을 걸러내는 필터가 있고, 그것들을 제거하는 박테리아와 바이러스가 있어요. 물이 이 기계를 한 번 지나가고 나면 우주비행

사들은 그 물을 안심하고 마실 수 있어요.

어머나!

보통 샤워할 때 우리는 50리터의 물을 사용해요. 하지만 우주에서는 물 절약이 필수이기 때문에 4리터 이하의 물로 샤워해야 하지요. 그러니까 우주정거장은 절약하는 집이라고 할 수 있어요. 우리도 이런 방법을 사용해 보면 어떨까요?

125

우주의 미래

'ET'와 '화성 침공' 같은 우주에서의 생활을 그린 영화들이 많이 있어요. 공상과학소설과 만화도 있고요. 미래에는 영화와 책에서 묘사된 모습들이 기술적인 발전과 더불어 실제로 가능해질 거예요. 어쩌면 별들의 전쟁이 일어날지도 몰라요!

1983년 미국의 로널드 레이건 대통령이 미국의 영토 위에 우주 방패를 설치하기로 결정했어요. 적이 미사일 공격을 할 때 인공위성들이 발사체나 레이저 빔을 통해 반격하게 하는 계획이었어요.

화성의 도시들은 어떤 모습일까요?

전문가들이 예상하는 것처럼 화성에 물이 있다면, 우리가 화성에서 사는 것을 가능하게 해 줄 거예요. 지표면이 방패처럼 태양열과 운석을 막아 준다면, 우리는 언덕 아래에 마을을 건설할 수도 있겠지요. 전기를 생산하기 위해서는 거대한 태양열 판이 필요할 거예요. 화성의 대기와 우리가 심은 식물들이 발생시키는 산소를 얻으면, 화성의 신도시에서는 우주복을 입을 필요가 없을 거예요.

어떻게 식물을 재배할 수 있을까요?

식물들은 온실 안에서 자랄 거예요. 하지만 식물의 싹을 돋게 하려면 토양을 비옥하게 해 주어야 하지요. 화성에 존재하는 물질을 사용하여 질산염 비료를 만들 수 있어요.

어떻게 우주로 갈까요?

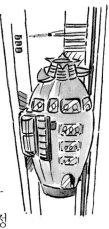

과학자들은 지구와 우주 정거장을 연결하는 거대한 케이블을 상상했어요. 이 우주정거장은 36,000km 상공에 위치한 정지궤도 위성으로, 케이블이 서

다시 떨어지지 않으니까요. 공을 차면 우주로 사라져 버려요.

왜 달에는 기지가 없을까요?

언젠가는 달에서 다른 행성을 향해 로켓을 발사할 수 있을지도 몰라요. 달 표면은 중력이 약하기 때문에 그렇게 하기가 훨씬 수월하지요. 달은 우주의 종착역은 아니지만, 우주선이 지나는 도중에 휴식처 역할을 할 거예요. 달은 천문대 역할도 할 수 있어요.

로 평행하게 정지해 있지요. 케이블 선은 강철보다 100배나 단단하고 여섯 배나 가벼운 탄소 나노튜브로 만들어질 거예요. 우주 여행자들은 그 선을 따라 움직이는 자기성을 지닌 통에 탑승해요. 시속 6,000km의 속력으로 여섯 시간이면 우주에 도착할 수 있어요. 가장 중요한 문제는 146,000km나 되는 긴 선을 우주로 가져가는 일이에요. 그것은 천문학적인 비용이 들지요.

우주로 가는 엘리베이터예요. 물론 가능한 일은 아니지만요!

달에서도 축구를 할 수 있을까요?

달에서는 축구를 할 수 없어요. 달에서는 공이 한번 올라가면

어머나!
미국인 기술자 브라이언 워커는 자신이 원하는 로켓을 만들 수 있는 회사를 소유하고 있대요.

127

우주인들은
어떤 모습일까요?

중력이 없는 곳에서 살면 인간의 모습이 변하게 될 거예요. 피는 위쪽으로 올라가려고 하기 때문에 머리와 가슴이 커지고, 반대로 근육은 큰 중량을 견딜 수 없어서 다리는 작아지고 약해질 거예요.

인류는 어떻게
지구-화성 프로젝트를
실행할까요?

아주 정교한 우주정거장을 만들고, 우주비행사를 보내는 것만으로는 충분하지 않아요. 그들이 화성에서 잘 생활할 수 있도록 하는 것이 중요하지요. 어떤 가족이 굉장히 위험한 도로에서 캠핑카를 타고 여행하고 있다고 상상해 보세요. 멈출 수도 없고 내릴 수도 없고

창문을 열 수도 없고 제대로 잠을 잘 수도 샤워할 수도 없고 음식도 나누어 먹어야 해요. 그런 힘든 여행 끝에 해변도 숲도 영화관도 없을 뿐만 아니라 숨조차 쉴 수 없는 화성이라는 종착지에 도착하지요. 그럴 때 모두의 목소리를 들을 수 있는 컴퓨터를 하나 들고 가면 좀 낫지 않을까요? 과학자들은 벌써부터 탑승자들의 두려움과 분노, 슬픔을 알아차릴 수 있는 심리치료사 역할을 할 로봇을 만들려고 연구하고 있어요.

왜 우주로 휴가를
떠날 수는 없을까요?

2001년 첫 우주 여행 뒤에 미국의 백만장자 데니스 티토가 운영하는 미르코프(MirCorp)사는 우주 여행을 원하는 사람들을 위해 계획을 세웠어요.

하지만 돈이 굉장히 많이 들기 때문에 원한다고 모두 갈 수는 없지요. 이 우주 여행은 2004년부터 예약을 받기 시작했대요.

왜 우주에는
호텔이 없을까요?

일본에서 호텔 건설을 기획하고 있어요. 우주에 호텔이 지어진다면 우주정거장을 짓는 일도 한결 쉬워질 거예요. 그 우주 호텔에는 멋진 경관을 볼

물과 물자들을 공급하는 것이 어렵지요. 그래서 과학자들은 겨울잠을 자는 동물들처럼 사람도 긴 시간의 우주 여행 동안 잠을 자는 방법을 생각해 냈어요.

왜 별들 사이에 있는 편안한 호텔에서 휴가를 보낼 수 없을까요? 어쩌면 미래에는 가능한 일일 수도 있어요. 하지만 엄청나게 많은 돈이 드는 게 문제랍니다.

수 있는 창문과 레스토랑과 카페와 온도 조절 장치와 화장실과 객실 들이 준비될 거예요. 호텔은 지름이 140m에 64명의 투숙객을 받을 수 있도록 계획되었어요. 아주 멋진 호텔을 기대해 볼까요?

어떻게 해야 사람이 가장 멀리 있는 행성에 갈 수 있을까요?

사람은 오랜 시간 동안 우주 여행을 할 수 없어요. 우주선 역시 긴 기간 동안 필요한

어머나!

만약에 외계인을 만난다면 어떻게 해야 할지 생각해 본 적이 있나요? 숨지 말고 ET가 방문했던 지구에서 왔다고 말해 보세요.

129

찾아보기

ㄱ

가상 우주(LSS) 75
가시광선 36
가이아 112-113
갈릴레오 40
갈릴레이 31
감마선 36, 112
감지기 76
게르만 티토프 94
고요의 바다 49
관찰 로켓 48
관측기구 62, 112
관측 인공위성 72, 77, 112
국립천문대 90
국제우주정거장(ISS) 41, 71,
    72, 84, 91, 93, 95, 104,
    106, 107, 109
금성 14, 20, 26, 78
    포스포로스 26
    헤르페로스 26
금성의 대기 27
기구 80-81, 91
기구 제작자 90
기상관측 인공위성 90, 115
기상대 90
기상학, 기상학자 90, 114

ㄴ

내행성 26
냉전 46
뉴턴 34-35, 40, 44
닐 암스트롱 58

ㄷ

달 10, 17, 22-23, 34, 38
    그믐달 22
    보름달 22
    초승달 22
달력 38-39
달의 궤도 54
달의 바다 22
달의 분화구 23
달의 자전 23
달의 중력 60
달 착륙선 55-58, 62
달 탐사선 48
대기 10, 12. 21
대원 귀환선(CRV) 106-107
데니스 티토 128
델타 로켓 66
돌푸스 교수 41
디스커버리 호 65

ㄹ

라나 45
라이카 50
러시아 우주 통제 센터 107
레드스톤 47
로널드 레이건 대통령 126
로제타 호 80, 112-113
로켓 42
로프트 스토리 122
루나 2호 48
루나 3호 78
루나 9호 54

ㅁ

마이클 콜린스 58
만유인력 34
머큐리 호 51
메카노 102, 106
명왕성 15, 28, 113
모듈 102
모의 우주 75
목동별 26
목성 14, 18, 30
목성의 고리 30
목성의 대기 30
몽골피에 형제 44
무중력 상태 60, 90, 92, 94,
    96, 99, 100, 108, 110, 122
무지개 36
물의 기원 18
미국항공우주센터(NASA) 79,
    84, 104, 106
미니-나베트 계획 67
미르코프 사 128

ㅂ

바이코누르(코스모드롬)
    우주기지 57, 86
반덴버그 기지 86
발사체 66
밴가드 호 48
밴 앨런 복사대 48
베가 62
베네라 4호 78
벨크로 접착 밴드 96, 100

(별 column)

별 10, 38, 112
별똥별 15
별자리 12
보급 우주선(ATV) 71, 96,
    105-106
보복 무기 46
보스토크 1호 50
보이저 2호 113
붉은 행성 24
브라이언 워커 127
브링거 박사 47
V-2 로켓 46
블랙홀 12
비가시광선 36
비행의자(MMU) 82
빅뱅 11
빅크런치 이론 13
빛의 속도 36

ㅅ

새미오르카 49
새턴 5호 55, 58
서베이어 1호 로봇 54-55
성단(별무리) 13
성운 32
성층권 90
세르게이 아브대예프 103
소우주선 계획 67
소유스 계획 54
소유스 1호 56
소유스 로켓 106
소저너 로봇 79

소행성 14, 29, 112

송신기와 수신기 76

수성 14, 28

수성의 대기 28

스보보드니 77

스카이랩 우주실험실 108, 109

스톤헨지 38

스트라스부르 91

스페이스랩 67, 109

스포트 5 인공위성 114

스푸트니크 1호 48–49

스푸트니크 2호 50

시라노 드 베르주라크 44

ㅇ

R-7 47–48

아리스토텔레스 38

아리안 계획 68

아리안 호 47, 68, 76, 86, 106

  아리안 4호 63, 68

  아리안 5호 62, 68, 70–71, 106, 112

아틀란티스 호 65

아폴로 계획 54, 57

아폴로 호 61, 111

  아폴로 11호 56, 59

  아폴로 15호, 16호, 17호 58–59, 90

알렉세이 레오노프 53

앤바이샛 환경 인공위성 116

앨런 셰퍼드 51

얼리 버드 인공위성 77

에네르기아 호 63

에드워드 군사기지 66

에드윈 올드린 58

에르메스 호 67

A-4 46

X선 36

N-1 로켓 56

열방패 51

오두앵 돌퓌 41

오이겐 젱거 64

오존 17, 21, 37

올림피아 화산(올림포스몬스) 24

왜소 행성 15, 28

우리은하 13

우주 발사기지 52

우주 방패 126

우주복 58–60, 94, 126

우주비행사 50, 52, 59, 82, 88, 91, 92, 122

우주선 48, 59

우주선 화장실 100

우주 센터 84

우주왕복선 64, 66–67, 82

우주용 지프차 58

우주인 34, 124

우주정거장 62, 106, 124, 125, 128

  미르 우주정거장 95, 102

  살류트 우주정거장 102

우주 탐사선 48, 67, 78, 112

우주 팽창 이론 10, 13

우주항공학 45

우주 호텔 128

운석 15, 18, 110

원거리통신 인공위성 73, 75

월석 61, 110

월식 38

웨스타 위성 67

위성 10, 14, 25, 34, 48, 67

위성의 인력 34

위치측정 인공위성 73

윌리엄 콩그리브 42

윌리엄 허셜 32

유럽우주기구(ESA) 80, 85, 86, 106, 112, 117, 122

유럽 우주비행사 센터 93

유리 가가린 50

유성 14–15

은하계, 은하 10, 12

은하수(밀키웨이) 12

ERS-1 인공위성 116

익스플로러 1호 48

인공위성 74, 112, 114

인데버 호 65

일기예보 114

일식 17, 38

ㅈ

자외선 17, 21, 36, 112

작용과 반작용 44

적외선 36–37, 112

전파망원경 40

정지궤도 75, 86, 120, 128

정찰 인공위성 73

조르다노 브루노 39

조르주 르메트르 11

존 F. 케네디 대통령 53–54

주물 제조 기술자 88

지각 18

지구 10, 14, 16, 18, 34

지구 관측 위성 77, 114

지구궤도 44, 54, 72, 102

지구 대기권 15, 20, 48

지구온난화 116

지구의 대기 10, 12, 21, 112, 114

지구의 인력 20, 76

지구의 자전 18

지구의 중력 35, 58, 72, 94

지구의 탄생 18

지구 정지궤도 72, 75, 114

지구형 행성 14

지구-화성 프로젝트 128

지오토 우주 탐사선 80

지질학자 90

진공 상태 75, 94, 108, 110, 123

ㅊ

챌린저 호 65–66

천문대 38, 40, 127

천문학 38

천문학자 11, 40

천왕성 14, 32–33

천왕성의 고리 32

천왕성의 대기 32
천체망원경 40
치올코프스키 호 45

ㅋ

카론 28
카시니-호이겐스 호 80
카이퍼 벨트 29
컬럼비아 우주선 55, 65
케네디 우주 센터 66
케이프커내버럴 우주기지 55, 58, 86
코마로프 56
코페르니쿠스 39
콘스탄틴 치올코프스키 45, 102
콜럼버스 실험실 107, 109
콩그리브 로켓 42
쿠루 기지 68, 70, 86
쿨부토 의자 93
크로노미터 36
크리스타 매콜리프 65
크반트 1호 102
클로드 에네레 95

ㅌ

타이탄 로켓 66
태양, 태양계 10, 14, 16, 34, 38, 78, 112
태양계 탐사선 113
태양광선 37, 115
태양빛의 산란 12

태양 에너지 110
태양열 21, 76, 104, 110
태양열 판 126
태양의 흑점 16, 40
텔스타 인공위성 121
토성 14, 80, 110
토성의 고리 30
토성의 대기 31
토성 탐사선 80
툴루즈 106
티탄 31, 80, 110
티탄의 대기 80

ㅍ

파동의 길이 36
패스파인더 78
페네뮌데 로켓 연구 시설 47
푸른 행성 19, 28
프랑스국립우주연구센터 (CNES) 79
프로그레스 우주 화물선 103, 106
프로톤 로켓 62, 106
프톨레마이오스 39
플랫폼 76, 108
플루토-카이퍼 익스프레스 113

ㅎ

항공시스템
  갈릴레오 119
  GPS 77, 118-119

항성 77, 112
해리슨 슈미트 90
해왕성 14, 32
해왕성의 고리 33
핵융합 반응 13
행성 10, 14, 16, 34, 112
행성의 인력 15
허블 망원경 41, 72, 83
허셜 망원경 41
헤르만 오베르트 46
헤르페로스 26
혜성 14-15, 18, 20, 80, 112
  비르타넨 혜성 80, 113
  핼리 혜성 80
혜성의 꼬리 14
호이겐스 관측기구 110
화성 14, 24, 54, 78, 126
화성의 대기 25
화성의 위성 25
  데이모스 25
  포보스 25
화성 탐사선 24
휴스턴 107
히파르코스 관측 위성 112

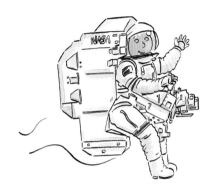

에밀리 보몽 기획
논픽션 책을 기획하고 글을 쓰는 어린이책 작가예요.
책을 통해 초등학생뿐 아니라 미취학 어린이들이 꼭 배워야 하는 지식을 쉽게 알려 주지요.
작품으로는 '발견 시리즈'와 '꼬마 그림 사전 시리즈' 등이 있어요.

크리스틴 사니에 글
「우주」「전쟁」「과학」「생태」「화산」「선사시대」「중세시대」 등
초등학생을 위한 지식 · 정보 도서를 여러 권 출간한 어린이책 작가예요.

피에르 봉 · 이자벨 로뇨니 그림
특히 논픽션 책에 삽화를 많이 그리는 그림 작가들이에요.
자칫 어렵게 느껴질 수 있는 내용을 그림으로 재미있게 표현하여
어린이들이 쉽게 이해할 수 있도록 도와주지요.
작품으로는 「우주」「과학」「바다」 등이 있어요.

과학상상 옮김
이화여자대학교와 대학원에서 불문학을 공부하면서 어린이책을 번역하는 모임이에요.
내용이 충실하고 수준 높은 논픽션 책을 소개하고 알리기 위해 번역을 시작했어요.
「우주」「공룡」「환경」「자연」「에너지」 등 지식의 발견 시리즈를 우리말로 옮겼어요.